欠測データの
統計解析

阿部貴行 [著]

統計解析
スタンダード
国友直人
竹村彰通
岩崎 学
[編集]

朝倉書店

まえがき

　近年，データの収集・電子化の技術向上により大規模データ（ビッグデータ）が蓄積され，ソフトウェアの大幅な機能向上も重なり，統計学がデータ解析に活用されることが益々増えている．

　研究や調査を計画する段階では，多くの変数のデータを，時に経時的に収集しようとするが，実際にはすべてのデータが完全に得られることは稀で，一部のデータが欠測する．現実にはほぼ確実に欠測データへの対処が必要となるにもかかわらず，通常の統計学の参考書あるいはソフトは，データに欠測がない完全データを前提とする．このため，実際の解析では，実務者はデータの欠測に対して場当たり的な対処をせざるをえない．例えば，データに欠測値がある個体をすべて解析から除外する，あるいは欠測値を平均値で置き換えるなどである．これらは，結果にバイアスをもたらし誤った結論を導き得るため注意を要する．

　本書の目的は，このように実際問題で直面する欠測データの統計解析に関して，基本的な用語・定式化・考え方を整理し，様々な統計手法を解説することである．統計ソフト（主に SAS®）のプログラミングコードも例示する．

　本書の対象は，大学の専門課程から大学院生，および業務としてデータ解析を行っている実務家である．学部初級程度の確率・統計は履修済みのものと想定し，回帰分析モデルの知識があればなお望ましい．

　欠測データの統計解析は，著名な統計家である D.B. Rubin や R.J.A. Little により定式化された．欠測の有無を表す確率変数を導入し，欠測のメカニズムを3種類に分類した点が画期的であった．そして，統計解析では，実際の問題ごとに最も可能性が高いと考えられる欠測メカニズムを選択し，その中で妥当性をもつ統計手法を選択する．ただし，欠測データのすべての統計解析は，欠測値の真値および真の欠測メカニズムは決してわからないという最大の（本質

的な）問題点をもつため，複数のシナリオの下での感度分析が必須となる．本書では，用語や定式化を整理した後に，尤度に基づく手法，ベイズ流の手法，重み付け解析法などを概説し，最終章で感度分析について解説する．

　本書の執筆に際して，まず，これまで 20 年間，統計学の様々なテーマについて有益な議論・御指導を頂いている成蹊大学の岩崎学教授に深謝する．滞在中に毎回有益な議論をさせて頂くロンドン大学の J.R. Carpenter 教授，ミネソタ大学の J.E. Connett 教授に感謝する．常に温かい激励を頂いた朝倉書店の担当の方々にも感謝する．最後に，日頃から著者の研究・教育活動を支えてくれている妻の玲子に最大限の感謝を捧げる．なお，執筆のための情報収集に際して，JSPS 科研費基盤研究（A）25240005 および基盤研究（C）15K08564 の援助を受けた．

　2016 年 1 月

阿 部 貴 行

目　　次

1. **統計学と欠測データ** ……………………………………………………… 1
   1.1 完全データと欠測データ ……………………………………………… 1
      1.1.1 完全データの統計解析 ………………………………………… 3
      1.1.2 不完全データの統計解析 ……………………………………… 6
   1.2 研究デザインと欠測データの種類 …………………………………… 8
      1.2.1 調　査 …………………………………………………………… 9
      1.2.2 観察研究 ………………………………………………………… 10
      1.2.3 実験研究 ………………………………………………………… 11
   1.3 欠測データの統計解析の歴史 ………………………………………… 15
   1.4 欠測データの問題点 …………………………………………………… 16
   1.5 欠測データと統計解析ソフト ………………………………………… 19
      1.5.1 オブザベーションと変数 ……………………………………… 19
      1.5.2 欠測値の記号 …………………………………………………… 20
      1.5.3 欠測値を含む演算 ……………………………………………… 20
      1.5.4 標準的な統計ソフトの欠測データの解析 …………………… 22
   1.6 本章のまとめと2章以降の構成 ……………………………………… 28

2. **欠測データの統計解析の枠組み** ………………………………………… 29
   2.1 表　記　法 ……………………………………………………………… 29
   2.2 欠測のパターン ………………………………………………………… 30
   2.3 欠測のメカニズム ……………………………………………………… 32
   2.4 無視可能性 ……………………………………………………………… 35
   2.5 本章のまとめ …………………………………………………………… 43

3. 単純な統計手法 …… 44
3.1 complete-case 解析 …… 44
3.1.1 推定値のバイアス …… 44
3.1.2 推定精度 …… 47
3.2 重み付け解析 …… 48
3.2.1 重みを用いた層別解析 …… 49
3.2.2 例題：重み付け解析 …… 50
3.3 available-case 解析 …… 52
3.4 単一値補完法 …… 54
3.4.1 モデルベースな補完法 …… 55
3.4.2 ノンパラメトリックな補完法 …… 57
3.4.3 経時測定データへの補完法 …… 59
3.4.4 単一値補完法のまとめ …… 60
3.5 本章のまとめ …… 61

4. 尤度に基づく統計解析 …… 62
4.1 最尤推定法 …… 62
4.1.1 最尤法の定式化 …… 63
4.1.2 最尤法の性質 …… 65
4.2 ベイズ推定法 …… 70
4.2.1 ベイズ理論の枠組み …… 71
4.2.2 ベイズ理論の基礎 …… 72
4.3 欠測パターンが単調な場合の最尤推定 …… 74
4.3.1 単調な欠測パターン（2変数）の場合 …… 74
4.3.2 単調な欠測パターン（3変数以上）の場合 …… 77
4.4 欠測パターンが非単調な場合の最尤推定 …… 81
4.4.1 2変量正規分布データで非単調な欠測パターンの場合 …… 83
4.5 打ち切りがある生存時間データの最尤推定 …… 86
4.5.1 打ち切りがある場合の指数分布の平均の最尤推定 …… 87

4.5.2　打ち切りがある場合の生存関数の
　　　　　　ノンパラメトリック最尤推定 ……………………… 90
　4.6　本章のまとめ ……………………………………………………… 92

5. 多重補完法 ……………………………………………………………… 93
　5.1　多重補完法とは ……………………………………………………… 93
　　5.1.1　概　論 ………………………………………………………… 93
　　5.1.2　定式化 ………………………………………………………… 95
　　5.1.3　理論的背景 …………………………………………………… 98
　5.2　補完モデル …………………………………………………………… 99
　　5.2.1　ベイズ回帰法 ………………………………………………… 101
　　5.2.2　予測平均マッチング法 ……………………………………… 102
　　5.2.3　傾向スコア法 ………………………………………………… 103
　　5.2.4　カテゴリカル変数に対する補完モデル …………………… 104
　　5.2.5　MICE法 ……………………………………………………… 105
　　5.2.6　マルコフチェーン・モンテカルロ法 ……………………… 107
　5.3　多重補完法を使う際の留意点 ……………………………………… 114
　　5.3.1　補完モデルの共変量の選び方 ……………………………… 115
　　5.3.2　補完モデルの関数形の選び方 ……………………………… 117
　　5.3.3　補完の回数の決め方 ………………………………………… 119
　　5.3.4　多重補完法の問題点 ………………………………………… 119
　5.4　統計ソフトウェア …………………………………………………… 120
　5.5　本章のまとめ ………………………………………………………… 123

6. 反復測定データの統計解析 …………………………………………… 125
　6.1　一般線形混合効果モデル …………………………………………… 125
　　6.1.1　モデルの定式化 ……………………………………………… 126
　　6.1.2　階層モデルとしての解釈 …………………………………… 128
　　6.1.3　周辺モデルと条件付きモデル ……………………………… 129
　　6.1.4　パラメータ推定 ……………………………………………… 131

6.1.5　自由度の補正 …………………………………… 133
　　　6.1.6　例　　題 ………………………………………… 135
　　　6.1.7　一般線形混合効果モデルのまとめ ……………… 142
　6.2　一般化推定方程式 …………………………………………… 143
　　　6.2.1　GEE の性質 ………………………………………… 145
　　　6.2.2　無視可能な欠測メカニズム ……………………… 146
　6.3　一般化推定方程式の MAR への拡張 ……………………… 146
　6.4　一般化線形混合効果モデル ………………………………… 151
　6.5　統計ソフトウェア …………………………………………… 155
　6.6　本章のまとめ ………………………………………………… 158

7. MNAR の統計手法 ………………………………………………… 160
　7.1　MNAR のモデル ……………………………………………… 160
　7.2　パターン混合モデル ………………………………………… 161
　7.3　選択モデル …………………………………………………… 167
　7.4　本章のまとめ ………………………………………………… 169

お わ り に ……………………………………………………………… 171

Appendix A.　傾向スコア ……………………………………………… 174
Appendix B.　単調な欠測パターンの MLE …………………………… 176
Appendix C.　多重補完法のベイズ回帰法の詳細 …………………… 178

参 考 文 献 ……………………………………………………………… 180
索　　　引 ……………………………………………………………… 187

Chapter 1 統計学と欠測データ

　医学，薬学，農学，理工学，社会学などの様々な分野において，統計学を用いて多種多様なデータが解析される．その際，データの解析者が対処に悩む問題の1つが欠測データの問題である．本章では，欠測データの統計解析を俯瞰し，標準的な統計手法および統計ソフトウェアがどのように欠測データを処理するかを解説する．1.1節で完全データと欠測データ，1.2節で研究デザインと欠測データ，1.3節で欠測データの統計解析の歴史，1.4節で欠測データの問題点，1.5節で統計ソフトによる欠測データの処理について述べる．最後に1.6節でまとめを行う．

1.1 完全データと欠測データ

　統計学（statistics）は，様々な場面で収集したデータを客観的かつ定量的に評価するために必須である．データは，種々の要因および誤差的な変動による「バラツキ」をもつが，統計学はそのようなデータを，

データ＝意味のあるシグナル＋エラー

のように，何らかの要因により説明できる部分と説明できない部分（便宜的に，エラーと呼ぶ）に分解し，確率（probability）をその理論的な基礎として定量的な分析を行う．なお，エラーに含まれる個体間の変動などは厳密な意味での誤差ではないが，通常，個体を因子に含めないため誤差的な変動と扱う．そして，統計学では推測の対象となる現象を図1.1の3つの変数（Y, Z, X）を用いて定式化することが多い（阿部ほか，2013）．

　問題の定式化における主な変数は，結果変数（response variable）Y，処置変数（treatment）Z，共変量あるいは交絡因子（covariate or confounding factor）Xの3つである．例えば，図1.1は血圧を下げる治療法の有効性を評

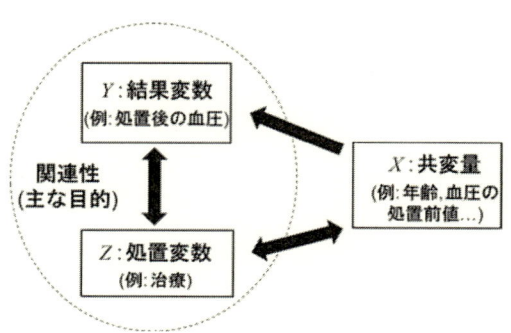

図1.1　現象の定式化（例：血圧を下げる治療法の評価）

価する医学研究の仮説を定式化したもので，Y：処置後の血圧，Z：処置群（1：新薬群，0：従来薬群），X：血圧の処置前値（ベースライン値と呼ぶ）などとなる．そして，研究あるいは調査の目的は，何らかの処置変数Zとその効果（effect）の大きさを測る指標である結果変数Yの間の関連性（association）を評価することである．統計学では，Yの平均値を処置変数である2つの群の間で比較することにより変数間の関連性の有無を評価することが多い．このとき，共変量あるいは交絡因子は研究の主目的でないが結果変数に影響を与える第3の因子である．交絡因子には様々な定義があるが，結果変数に影響を与えかつ処置変数とも関連性のある因子と定義されることが多い．例えば，図1.1の例では，血圧のベースライン値が高い患者は処置後の血圧も高く，2つの群の間でベースライン値の分布に偏りがある場合は，ベースライン値は交絡因子となる．なお文脈により，処置（あるいは処理）は，介入（intervention）や曝露（exposure）とも呼ばれるが，本書では処置で統一する．

　図1.2にこのような研究から得られるデータセットを例示する．図1.2(a)のように，解析に含めるすべての変数の値が観察されているデータを完全データ（complete data）と呼び，図1.2(b)のように，何らかの理由で一部の変数の値が観察されていないデータ（図中では"？？"がデータの欠測を表す）を欠測データ（missing data）あるいは不完全データ（incomplete data）と呼ぶ．なお，欠測という用語は，データを収集する分野により，欠損あるいは欠落と表現されることもあるが，本書では欠測で統一する．図1.2(a)のような完全データには通常の統計手法を使用できるが，図1.2(b)のような欠測デー

(a) 完全データ				(b) 不完全データ			
ID	処置群 Z	血圧 処置後値 Y	血圧 処置前値 X	ID	処置群 Z	血圧 処置後値 Y	血圧 処置前値 X
1	0	130	144	1	0	??	144
2	0	138	150	2	0	138	150
⋮	⋮	⋮	⋮	⋮	⋮	⋮	⋮
100	0	128	148	100	0	128	??
101	1	124	156	101	1	124	156
⋮	⋮	⋮	⋮	⋮	⋮	⋮	⋮
200	1	119	152	200	1	??	152

処置群：0＝従来薬群，1＝新薬群

図 1.2　完全データと不完全データの例

タには通常の手法をそのまま適用できず，欠測値への対処法を決める必要が生じる．詳細は 1.5 節で解説するが，標準的な統計ソフトウェアを用いて欠測データを解析すると，データが欠測している被験者を「自動的に」解析から除外しデータが完全である部分集団（サブグループ）のみを解析に用いる．あるいは，データに欠測値がある場合，解析を中断し結果を出力しない統計ソフトもある．前者のデータが欠測している被験者を解析から除外する方法が妥当性をもつためには，解析から除外された集団が全集団からのランダム標本であるという強い条件を必要とする．詳細は第 2 章で解説するが，全集団の中で欠測が完全にランダムに生じるという欠測発生に関するメカニズムを MCAR (missing completely at random) という．例えば医学研究では，処置により症状がうまくコントロールできていない被験者が研究への参加を中止しデータが欠測することが多いため，MCAR の仮定は現実的でないことが多い．このように，欠測データの場合，統計解析における留意点が多いが，まず，図 1.2 (a) のようにデータに欠測がない場合の統計解析から要約する．

1.1.1　完全データの統計解析

データに欠測がない完全データ（図 1.2(a)）に対する通常の統計解析をまとめる．例えば，3 つの変数の間の関係性は，次の線形回帰モデル (linear regression model) であるとする．

$$y_i = \beta_0 + \beta_1 z_i + \beta_2 x_i + e_i \tag{1.1}$$

ここで，y_i は i 番目の被験者（$i=1,2,\ldots,n$）の処置後の血圧，z_i は処置群を表すダミー変数（1＝新薬群，0＝従来薬群），x_i は血圧のベースライン値，

e_i はモデルで説明できない誤差項である．β_0, β_1, β_2 はそれぞれ切片，処置群の効果，ベースライン値の効果を表す未知パラメータであり，その有意性検定のために誤差項 e_i は互いに独立に $N(0, \sigma^2)$ に従うとする．

このモデルをベクトル表示すると，
$$y = X\beta + e \tag{1.2}$$
となる．ここで，y と e は n 次元の結果変数ベクトルと誤差項の縦ベクトルであり，$\beta = (\beta_0, \beta_1, \beta_2)^T$ は未知パラメータベクトルである．ここで，上付きの T はベクトル（あるいは行列）の転置を表す．誤差ベクトルの期待値と分散は，$E[e]=\mathbf{0}$, $V[e]=E[ee^T]=\sigma^2 I$ である．$\mathbf{0}$ はすべての要素が 0 の n 次元ベクトル，I は $n \times n$ の単位行列である．X は以下のように各被験者の説明変数を並べた $n \times 3$ の行列である．

$$X = \begin{bmatrix} 1 & z_1 & x_1 \\ 1 & z_2 & x_2 \\ \vdots & \vdots & \vdots \\ 1 & z_n & x_n \end{bmatrix}$$

そして，統計学では，このように結果変数 y を未知パラメータの線形結合（1次結合）で表現するモデルを線形モデルという．なお，(1.1)の線形モデルは，説明変数として，処置群を表す 2 値変数 Z に加え連続型の共変量 X を含むため，共分散分析（analysis of covariance, ANCOVA）モデルとも呼ばれる．共分散分析の平均モデルは図1.3のようになる．

つまり，結果変数と共変量の関係が 2 群で等しいことを仮定することがわかる．そして，このモデルの下では，
$$\beta_1 = E[Y|Z=1, X=x] - E[Y|Z=0, X=x] \tag{1.3}$$

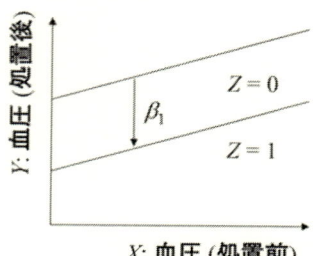

図1.3　共分散分析の平均モデル

が研究目的を表す推測の対象であり，ベースライン値を与えたときの投与後血圧の平均値の2群間の差（新薬群－従来薬群）を表す．ベースライン値を揃えた（これを統計学的な調整（adjustment）と呼ぶ）ときの Y の推定された平均の2群間の差である．このように，研究における推測の対象（何らかのパラメータの1次結合で記述されることが多く，実際には推測対象となる被験者の集団や処置および評価期間を細かく決める）を estimand と呼ぶこともある（詳細は，第2章を参照）．推測対象ごとに欠測データへの対処に関する留意点が異なるため，データ解析では推測対象を明確化することが重要となる．そして，問題を定式化し統計モデルを決め，最小二乗法，最尤法あるいはベイズ推定法などを用いて，データから未知パラメータを推定する．例えば，最小二乗推定量は残差平方和

$$Q = \hat{\boldsymbol{e}}^T \hat{\boldsymbol{e}} = \sum_{i=1}^{n} \hat{e}_i^2 = \sum_{i=1}^{n}(y_i - \hat{y}_i)^2$$
$$= \sum_{i=1}^{n}(y_i - (\hat{\beta}_0 + \hat{\beta}_1 z_i + \hat{\beta}_2 x_i))^2 \qquad (1.4)$$

を最小化するパラメータ推定値を求める．ここで，$\hat{y}_i$ は y_i の予測値であり，各パラメータに ^（ハットと読む）を付したものがその推定値である．つまり，残差（residual）$\hat{e}_i$ とは観察されたデータと予測値の差である．そして，パラメータベクトル $\boldsymbol{\beta}$ の最小二乗推定量は，正規方程式（normal equations）

$$\frac{\partial Q}{\partial \boldsymbol{\beta}} = \frac{\partial (\boldsymbol{y} - \boldsymbol{X}\boldsymbol{\beta})^T (\boldsymbol{y} - \boldsymbol{X}\boldsymbol{\beta})}{\partial \boldsymbol{\beta}} = \boldsymbol{0} \qquad (1.5)$$

を解くことにより

$$\hat{\boldsymbol{\beta}} = (\boldsymbol{X}^T \boldsymbol{X})^{-1} \boldsymbol{X}^T \boldsymbol{y} \qquad (1.6)$$

となる．ここで，$\boldsymbol{A}^{-1}$ は行列 $\boldsymbol{A}$ の逆行列とする．推定量の期待値および分散共分散行列は，

$$E[\hat{\boldsymbol{\beta}}] = \boldsymbol{\beta} \qquad (1.7)$$
$$V[\hat{\boldsymbol{\beta}}] = \sigma^2 (\boldsymbol{X}^T \boldsymbol{X})^{-1} \qquad (1.8)$$

となる．例えば，(1.8) は

$$V[\hat{\boldsymbol{\beta}}] = E[(\hat{\boldsymbol{\beta}} - \boldsymbol{\beta})(\hat{\boldsymbol{\beta}} - \boldsymbol{\beta})^T]$$
$$= E[((\boldsymbol{X}^T\boldsymbol{X})^{-1}\boldsymbol{X}^T(\boldsymbol{X}\boldsymbol{\beta}+\boldsymbol{e}) - \boldsymbol{\beta})((\boldsymbol{X}^T\boldsymbol{X})^{-1}\boldsymbol{X}^T(\boldsymbol{X}\boldsymbol{\beta}+\boldsymbol{e}) - \boldsymbol{\beta})^T]$$
$$= E[(\boldsymbol{X}^T\boldsymbol{X})^{-1}\boldsymbol{X}^T E[\boldsymbol{e}\boldsymbol{e}^T]\boldsymbol{X}(\boldsymbol{X}^T\boldsymbol{X})^{-1}]$$
$$= \sigma^2 (\boldsymbol{X}^T\boldsymbol{X})^{-1}$$

のように求めることができる．なお，最小二乗推定量 (1.6) は，線形不偏推定量（データ y の1次結合で表現され不偏性をもつ推定量）の中で推定精度が最も高いものである．この性質を BLUE (best linear unbiased estimator) という．そして，誤差分散 σ^2 の推定値は

$$\hat{\sigma}^2 = \sum_{i=1}^{n} \frac{(y_i - \hat{y}_i)^2}{n-p} \tag{1.9}$$

を用いる．ここで，p はパラメータの数であり，(1.1) のモデルでは $p=3$ である．このとき，データに欠測がなければ，帰無仮説 ($H_0 : \beta_j = 0$) の下で統計量 $t = \hat{\beta}_j / SE[\hat{\beta}_j]$ が自由度 $n-p$ の t 分布に従うことを利用して，各パラメータに関する仮説を検定する．なお，$SE[\hat{\beta}_j]$ は $V[\hat{\beta}]$ の σ^2 に (1.9) を代入した行列の第 (j, j) 成分の正の平方根である．処置効果は $\beta_j = \beta_1$ として検定できる．

1.1.2　不完全データの統計解析

次に，不完全データの統計解析を要約する．データに欠測がなければ，標準的な共分散分析モデル (1.1) におけるパラメータの検定を通じて，結果変数 Y と処置変数 Z の関連性を評価できる．ところが，データに欠測がある場合，データに欠測がある被験者については (1.4) の中の残差を計算できず，上で説明した論理を使うことができない．このため，最小二乗法を用いてパラメータ推定を行う標準的な統計手法は，データが不完全な被験者（例えば，図1.2の被験者 ID=1, 100, 200）を解析から除外する．ただし，上述のようにこの解析が妥当性をもつためには強い条件が必要であるため，もう少し緩い条件下でも妥当性をもつ統計手法が必要となる（詳細は第3章以降に解説する）．以下に，一般的な欠測データの対処法をまとめる．欠測データの統計解析は，大きく次の3種類に分類される．

欠測データの統計手法の大分類
方法1：complete-case (CC) 解析（およびその重み付け解析）
方法2：欠測値を予測値で補完する方法
方法3：不完全データとして尤度を記述する方法

方法1は，前述の標準的な統計ソフトウェアが用いる欠測データの対処法で

あり，complete-case 解析（CC 解析），listwise deletion あるいは case deletion と呼ばれる．CC 解析では，データが欠測している被験者をデータセットから除外し完全データを作成し解析する．被験者のことをケースと呼ぶこともあり，CC 解析ではデータが欠測している被験者のデータをすべて削除するため，後者の呼称も使用される．最も単純で繁用される方法であるが，CC 解析の結果がバイアスをもたないためには，前述の欠測が完全にランダムに生じるという非常に強い条件（MCAR）を要する．多くの場合，データが欠測している集団と欠測していない集団の間にはその共変量や結果変数に何らかの系統的な違いがあり，CC 解析が妥当性をもつ状況は限られる．解析方法が単純だからといってその結果の解釈も容易であるとは限らない．また，CC 解析の重み付け解析（weighting method）は，データに欠測のない各被験者に対して適切な重みを与え，データに基づき欠測した情報の復元を試みることによりバイアスのない推測を行うもので，MCAR よりも緩い条件下でも妥当性をもつ（詳細は，3.2 節および 6.3 節を参照）．

　方法 2 は，欠測値に何らかの予測値を補完（impute）し擬似的な完全データを作成し，前述の完全データの統計手法を用いるものである．欠測への補完は代入と訳されることもあるが両者は同じ意味である．以降，本書では imputation を補完と訳す．欠測値に値を補完する方法は，単一の値を欠測に補完する手法（single imputation）と複数の値を補完する手法がある．前者は欠測に補完された値と実際に観察された値を区別しないため，推定において補完の不確実性を考慮せず，推定精度を過大評価する．一方，後者は欠測値への値の補完に関する不確実性を考慮し推定精度の過大評価を防ぐ．第 5 章で解説する多重補完法（multiple imputation：Rubin, 1987）はベイズ理論に基づき欠測値を複数の値で補完するシミュレーションベースの手法であり，近年の統計ソフトの充実化に伴い広く使用されている．

　方法 3 は，欠測データのためにデータが不完全な被験者も不完全なデータとして尤度関数に含め，統計的推測を行う手法である．尤度関数の詳細は第 4 章で解説するが，尤度に基づく手法は CC 解析と比べ，より緩い仮定の下でも妥当性をもつ．また，次章で解説する欠測が発生するメカニズムを尤度関数に含めることにより，感度分析にも使用できる，より広範囲の仮定の下で妥当な解析を可能にする（詳細は第 7 章を参照）．

一方，すべての欠測データの統計手法は，「欠測値の真値を知ることはできない」という本質的な問題点を抱え，それが各手法の最大の限界である．このため，研究に際しては，研究計画（デザイン）作成の段階で欠測値を最小限にするような工夫が最重要となる．例えば臨床試験に関しては，欠測値を減らすための研究デザイン・実施上の工夫について，National Research Council (2010) に述べられている．しかしながら，実際問題（特に人間を対象とする臨床試験）では，例えば，治療の副作用のために試験への参加の継続が困難となりデータが欠測する場合など，欠測データを完全になくすことは倫理的にも不可能なことが多いのも事実である．このため，統計解析の際は，得られたデータの情報を最大限活用し，バイアスのない統計的推測を試みるよう最大限努力することが必要となる．そして，主解析で用いた欠測発生のメカニズムや統計モデルに関する仮定からの逸脱が解析結果に与える影響を調べるために，感度分析（sensitivity analysis）を行い，解析結果の頑健性（robustness）を評価することが重要となる．

　なお，研究デザインや実施で欠測値を減らす方策については National Research Council (2010) などの他書に譲り，本書では主に欠測データの統計解析の定式化や手法を解説する．また，本書の例題では医学研究の内容が多いが，基本的な考え方や統計手法は自然科学や人文・社会科学のその他の多くの分野にも共通のものである．

1.2　研究デザインと欠測データの種類

　データを統計解析する際，データのとり方（研究デザインと呼ばれる）を把握することが必須となる．処置効果を評価するための研究デザインは大きく分けると，処置を無作為化する実験研究（experimental study）と無作為化しない観察研究（observational study）および調査（survey）に分類される．ここで，処置の無作為化とは，各被験者に割り付ける処置をランダムに選択することをいう（例えば，1.1 節の臨床試験の例では，新薬または標準薬のいずれかを確率 0.5 で被験者に割り付ける）．観察研究と調査は混同しがちであるが，前者は処置の効果を評価することが目的であり，後者はそれが目的でないという違いがある（Rosenbaum, 2002）．

> **研究デザイン**
> - 調査（現状評価，処置効果の評価が目的でない）
> - 観察研究（無作為化なし，処置効果の評価が目的）
> - 実験研究（無作為化あり，処置効果の評価が目的）

　研究デザインごとに統計解析の結果の解釈の仕方が大きく変わる．例えば，処置を無作為化するような実験研究では，特に被験者数が多い場合，処置群の間で平均的に処置以外の因子のバランスがとれ，処置と結果変数の間の関連性を因果関係（causality）と解釈できる．そのため，医学研究では，無作為化比較試験（randomized controlled trials, RCT と略されることが多い）が個別の研究としては最もエビデンスレベルが高いとされている．一方，観察研究では，処置を無作為化しないため，比較する群間で交絡因子の分布が偏る可能性が高く，結果の解釈が複雑となる．例えば，何らかのサプリメントを使用している群と使用していない群を比較する観察研究では，サプリメントを使用している群の方が運動を適度に行っているなどの 2 群の間で生活習慣に違いがあるかもしれない．このような場合，単純な比較ではサプリメントの効果を評価できない．そして，研究デザインごとに，欠測が生じる理由，欠測する変数の種類・パターンおよび欠測の比率（proportion）などに大きな差があり，解析結果に与える影響の度合いも異なる．例えば，欠測の比率に関しては，調査→観察研究→実験研究の順に小さくなることが多い．以下に，研究デザインごとに欠測データの特徴および留意点をまとめる．

1.2.1　調　査

　調査では，処置効果の評価が目的でなく，現状評価のためにデータを収集する．データの収集方法は，被験者との面接を通じてデータを得る場合もあるが，国勢調査（census）のように質問票の郵送，あるいは電話やインターネットなどでデータを得ることも多い．例えば，電話調査では固定電話を持っていて，日中に自宅にいる被験者のみからデータが得られるというように，意図した集団全体からでなく一部の偏った集団からしかデータが得られないという，選択バイアス（selection bias）の問題が生じる．このように，データが明

示的に欠測していなくとも，調査データ（あるいは観察研究データ）に含められなかった標本をある種の欠測データとみなして統計的推測を行うこともある．一方，調査において実際に生じる欠測データは，例えば，質問票を用いる調査では，質問数が多いあるいは質問が長いときは後半の質問に欠測が多くみられる場合や，収入に関する質問のように欠測しやすい変数において多くの欠測が生じる場合などがある．質問票を作成する段階で欠測を減らす努力が重要となる．欠測の種類に関しては，ある被験者について完全に無回答である unit nonresponse や，質問票の中のある質問項目の集合（例えば，職業や収入に関する質問）が無回答である item nonresponse などがある．

1.2.2 観察研究

観察研究とは，処置を無作為化せずに処置効果を評価するようなデザインの研究である．実際の研究では，例えば発がんリスクを高めることがわかっている喫煙のように，倫理的に処置を無作為化できない場合も多く，その場合は観察研究により処置効果を評価することが唯一の方法となる．その他，遺伝子と疾患発現の関連性を評価する場合も同様に，遺伝子はランダム化できないため観察研究を行うことになる．観察研究は，大きく分けると，研究デザイン作成後に被験者を追跡してデータを収集する前向き研究（prospective study）と既に過去に収集された既存データを用いる後向き研究（retrospective study）に分類される．医学研究では，前者はコホート研究（cohort study），後者はケースコントロール研究（case-control study）が一般的なデザインである（阿部ほか（2013）などを参照）．一般に後向き研究では，管理された同一の条件下でデータが収集されないため，一部の被験者のみで収集されている変数などもあり，欠測の比率が高い．また過去の事柄を被験者に質問する場合，思い出しバイアス（recall bias）にも気をつける必要がある．一方，観察研究データのモデル化で使用されることの多い統計的因果推論は，被験者の観察されない潜在的な結果変数（potential outcomes）を想定するものであり（Rubin causal model，RCM とも呼ばれる），欠測データの問題と考えることもできる．例えば，新薬群とプラセボ群を比較する臨床試験では，通常各患者からいずれかの群の結果変数しか観察されないが，RCM では，仮に患者が各群に割り付けられた際に得られる2つの結果変数を考え，それを比較する統計手法の枠組

みとその仮定を定式化する．統計的因果推論の詳細は，甘利ほか（2002），宮川（2004），パール（2009），岩崎（2015）などを参照されたい．

1.2.3 実験研究

最後に実験研究についてまとめる．実験研究では処置を無作為化し，処置効果を評価する．同じ実験研究でも，実験室で行われるようなものと人間を対象とする無作為化臨床試験では，欠測の理由や比率が大きく異なる．前者は実験検体の保存，輸送，測定上の不備などでデータが欠測することが多いが，後者は患者の症状の悪化（あるいは逆に症状の改善）などによりデータが欠測することが多い．明らかに後者の欠測の方が結果にバイアスを混入する可能性が高い．ここでは，人間を対象とする実験研究を考える．実験研究では処置の割付けを無作為化するため，被験者数が多ければ，平均的に処置の群間で共変量の分布のバランスがとれ比較可能性が高く，前述の研究デザインの中では結果の解釈が最も容易である．無作為化の最大の利点は，被験者数が多ければ，被験者の観察される共変量ベクトル X_{obs}（年齢や性別など）のみでなく，観察されない共変量ベクトル X_{unobs}（例：生活習慣）の分布も平均的に群間でバランスがとれる点にある．つまり，漸近的に

$$f(x_{obs}, x_{unobs}|Z=0) = f(x_{obs}, x_{unobs}|Z=1)$$

となる．処置を無作為化した場合としない場合の被験者の背景因子（年齢，性別など）の分布の概念図を図 1.4 に示す．

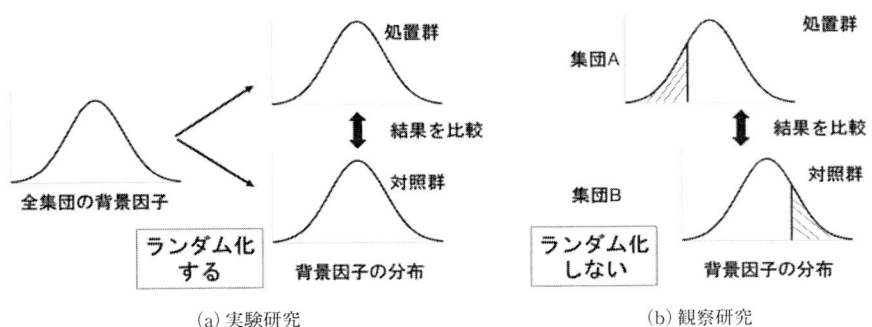

(a) 実験研究　　　　　　　　　　　(b) 観察研究

図 1.4　無作為化による比較可能性の保証

被験者を処置群（treatment）と対照群（control）に無作為化する実験研究（図 1.4(a)）では，2 群の間で平均的に被験者の背景因子の分布が揃い比較可能性が高いが，観察研究（図 1.4(b)）では，処置群と対照群の選択に何らかの因子が関係している可能性があるため，処置群の間に系統的な被験者背景の差が生じ得る．図中の斜線の集団は，2 群の間で背景因子に重なりがない集団である．例えば，斜線の部分の集団において処置の効果が大きく異なる場合は，2 群の間の比較にはバイアスが生じる．ただし，実験研究の比較可能性が保証されるのは，無作為化されたすべての被験者集団を処置群の間で比較する場合であり，データの欠測などにより被験者を解析から除外すると群間の比較可能性が低下する．また，実験研究は，前述の 2 つの研究デザイン（特に調査や後向き観察研究）と比べると，研究者が実験条件を制御できるため欠測の比率は相対的に低いが，患者を対象とする臨床試験では，患者が様々な理由で研究から脱落（dropout）することもあるため，データが欠測している患者を解析で適切に取り扱う必要がある．欠測データへの対処法を考えるとき，欠測の理由を調べることが重要であるため，表 1.1 に臨床試験における欠測データの主な理由をまとめる．

ここで，4) や 6) 以外の理由による欠測データを解析から除外すると，結果にバイアスが入り得る．研究では可能な限りデータが欠測した理由を収集し，データ解析の際にその情報を使用することが重要である．

図 1.5 は，抗うつ薬の有効性と安全性を評価した無作為化臨床試験の MADRS スコア（うつ病の症状の程度を表す尺度の 1 つ）の経時測定データの例（Nakajima et al（2012）のデータを参考に作成）である．図中の実線が欠測のない患者の症状推移であり，点線が研究から脱落した患者（脱落例）の推移である．脱落例については，脱落後のデータは得られず欠測となってい

表 1.1 臨床試験における主な患者の中止理由（Heyting et al, 1992）

---
1) 疾患の治癒
2) 効果不十分
3) 副作用の発現
4) 試験手順（計画）の不備
5) 健康上の問題の併発
6) 試験と関連しない外的要因

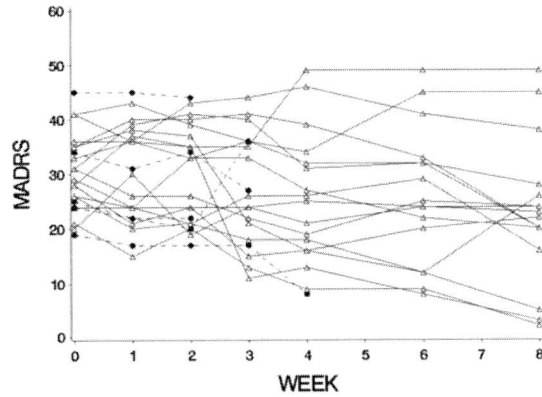

図 1.5　抗うつ薬の臨床試験データの例（点線：脱落症例）

る．このような欠測のパターンを単調な欠測パターンと呼ぶ．上述の欠測の理由と並び，欠測パターンも欠測データの統計解析では重要な要素である（詳細は第 2 章を参照）．経時測定データにおける欠測データの対処法に関しては，第 6 章で解説する．

臨床試験における欠測データの対処法に関しては，Akl et al（2012）が主要な 5 つの臨床雑誌（*New England Journal of Medicine*, *Lancet*, *JAMA*, *BMJ*, *Annals of Internal Medicine*）に掲載された 235 本の RCT（特に医学的なイベント（例えば，死亡や心臓病の発症など）を評価指標（結果変数）とし有意差が示された試験）を系統レビューした．それによると，調査対象の 235試験の患者の脱落率（dropout rate）の中央値は 6％（四分位範囲：2〜14％）であり，全体の 19％の論文で欠測値への対処法に関する記載が不明瞭であった．このため，脱落例（の欠測値）に対する様々な対処法を用いた感度分析を行った結果，235 試験中，最大 15〜30％の臨床試験の結果が統計学的に有意でなくなったと報告している．管理された状況下で行われる実験研究でも人間を対象とする臨床試験では，欠測値の取扱いが結果に与える影響が小さくないことを示唆している．学術論文を書く際は，欠測データへの対処法を注意深く検討し，かつそれを明確に記述することが要求される．臨床試験における欠測データへの対処法に関するガイダンスは EMEA（European Medicines Agency）（2010），National Research Council（2010）および Little et al（2012）な

どに詳しい.

その他，何らかの測定に検出限界や定量限界（detection limit, quantification limit）が存在し，データが限界値未満であることしかわからないような場合も不完全データの一種と考えられる．また，実験研究では，実験計画法の一部である釣合い型不完備ブロックデザイン（balanced incomplete block design, BIB design）のように実験条件の一部の組み合わせで計画的にデータを観察しない研究デザインもある．本書では，これらの話題は扱わず，計画されたものでない一般の欠測データに焦点を当てる．

[トピック]　臨床試験における解析対象集団

　臨床試験の統計解析では，医学的な仮説を調べるために2種類の解析対象集団を考えることが多い．それは，ITT（intention-to-treat）と治験実施計画書に適合した解析対象集団（per protocol set, PPS）と呼ばれる集団である．前者は無作為化に基づく集団であり，「無作為化されたすべての患者を無作為化された処置群として解析に含めるべきである」という理念に基づく．前述のように無作為化が保証する処置群の間の比較可能性を保とうとするものである．また，ITTから少数の患者（例えば，試験の主要な登録基準を満たしていない者）の除外を許容する最大の解析対象集団（full analysis set, FAS）と呼ばれる集団（臨床試験の国際ガイドラインであるICH E9ガイドライン（臨床試験のための統計的原則）を参照）を用いることも多い．一方，PPSは，事前に定義される試験の治療を完了し，結果変数が得られており，臨床試験の計画書（これをプロトコールと呼ぶ）の主要な基準を遵守した患者集団と定義される．例えば，治療薬の服薬率が悪い患者はPPSから除外される．

　以下にITTとPPSの特徴をよく表す無作為化比較臨床試験の例を示す（Coronary Drug Project Research Group, 1980）．この試験は，血清脂質が高い患者を対象に死亡率をアウトカムとして，血清脂質低下薬（例：clofibrate群）の有効性および安全性を評価することを目的としたものである．表1.2は，治療群（clofibrate群）とプラセボ群の死亡率（mortality）を服薬率で定義される群ごとにサブグループ解析した結果である．

　表1.2では，患者全体をITT，服薬率が80%以上の集団をPPSとみなせる．治療群の中で服薬率が高いと死亡率が低いようにみえるが，同様の結

表 1.2 治療群ごとの死亡率（服薬率によるサブグループ解析）

服薬率	clofibrate 群			placebo 群		
	N	死亡率%	調整死亡率%	N	死亡率%	調整死亡率%
80%未満	357	24.6±2.3	22.5	882	28.2±1.5	25.8
80%以上	708	15.0±1.3	15.7	1813	15.1±0.8	16.4
合計	1065	18.2±1.2	18.0	2695	19.4±0.8	19.5

Coronary Drug Project Research Group（1980）より引用．
死亡率は，推定値±標準誤差，調整死亡率は 40 の共変量に関して調整された推定値である．

果はプラセボ群でも観察される．プラセボは薬効成分を含まない偽薬であるため，このサブグループ解析の結果は服薬率の高い集団と低い集団で，何か結果に影響する別の因子（例：生活習慣）に差があることを示唆する．このため，無作為化された 2 群から服薬率の低い患者を除外すると，例えば，一方の群で除外された患者の比率が高い場合，群間の比較可能性が低下し，研究結果にバイアスが入り得ることがわかる．

1.3 欠測データの統計解析の歴史

欠測データの統計解析に関する書籍は，英語では Little and Rubin（1987, 2002）が最も著名で，欠測データを用いた統計解析の問題を初めて体系的にまとめている．同書の第 2 版では，近年，データ解析で広く使用されている多重補完法（multiple imputation）に関する内容が大幅に加筆されている．1987 年は，Rubin（1987）も出版され，欠測データの統計解析に関する重要な書籍が 2 冊出版された年である．Rubin は，欠測データの統計解析や統計学的因果推論の領域で多くの画期的な方法（例えば，傾向スコアや多重補完法など）を提案している．傾向スコアは，特に観察研究の解析で使用されることが多く，欠測データの統計解析では次章と第 6 章で解説する重み付け法で使用される．Little and Rubin（1987）から 10 年後に発表された Schafer（1997）も欠測データの統計学を広範囲にまとめた書籍であり，特にマルコフチェーン・モンテカルロ法などの数値計算アルゴリズムに詳しい．更にそれから 10 年後に発表された Molenberghs and Kenward（2007）は，書名からも明らかなように，臨床試験の欠測データの統計解析をまとめたものであり，例題も交え広範囲な

内容を網羅している．特に経時測定データの欠測値の扱いや感度分析の手法に詳しい．Graham（2012）は心理統計学を専門とする著者の長年の研究成果をまとめたもので，様々な統計ソフトの使用法も示していて実用的である．van Buuren（2012）や Carpenter and Kenward（2013）は多重補完法に特化した本であり，前者は統計ソフト R で多重補完法を実行する関数（mice）を開発した統計家によるもので R のプログラム例が豊富である．後者は様々な種類のデータ（連続データ，カテゴリカルデータ，カウントデータなど）に対する多重補完法の理論が包括的に記述されている．

日本語の欠測データの統計解析に関する書籍は多くないが，岩崎（2002）や渡辺・山口（2000）がある．前者は欠測データの統計解析を包括的にまとめた最初の日本語の書籍であり，理論と手法が細部まで記されている．後者は，第 4 章で解説する EM アルゴリズムに焦点をあてた書籍である．

1.4 欠測データの問題点

欠測データを統計解析する際の問題点は，大きく分けると次の 4 点である．前者の 2 点は研究結果の科学性に関する問題で，3 番目は実際上の問題，4 番目は研究全体に関する問題である．中でも 1) は研究の結論を質的に誤る危険性をもつため，最も重大な問題点である．以下に各事項について解説する．

欠測データの問題点
1) 推定のバイアス
2) 推定精度の低下
3) 通常の統計ソフトウェアによる解析は不適切
4) 研究の質に関する懸念
---

(1) 推定のバイアス

研究の推測対象が結果変数 Y の平均パラメータ θ であるとする．このとき，データが欠測している集団とデータが欠測していない集団の間に何らかの系統的な差があると，データが完全である集団のみの解析（CC 解析）から得たパラメータ推定値 $\hat{\theta}$ はバイアスをもつ．統計的推測では，バイアスのないパラ

メータ推定値を得ることが最重要であるため，欠測データの統計解析でも，推定量のバイアスに最も注意を払う必要がある．仮に無作為標本における結果変数 Y に欠測がなく，完全データを使用できれば，標本平均 $\bar{Y}=(y_1+\cdots+y_n)/n$ は不偏性をもつが，欠測データに対する CC 解析から得た標本平均が不偏性をもつためには，

$$E[Y|\text{incomplete case}]=E[Y|\text{complete case}]=\theta$$

という強い条件が必要である．前述の電話による調査と同様であるが，例えば，図書館にいる学生を対象にアンケート調査を行うと図書館によく来る学生の意見の重みが増し結果にバイアスが生じる．このように観察研究ではデータが完全であっても標本と想定する母集団（例えば，学生全体）の間に系統的な差が生じ，推定値にバイアスが生じ得る．このように明示的にデータが欠測していなくても推測対象とする集団の中で標本に選択される確率を加味して問題を定式化することもある（3.2 節を参照）．Little and Rubin（1987）の著者である Little は書籍や講演で，「統計学とは，欠測データの問題を扱うものである」とよく述べている．

(2) 推定精度の低下

何らかの変数に欠測がある被験者を解析から除外すると，解析に含められるデータ数 n が減少し，推定量の標準誤差 $SE[\hat{\theta}]$ が増加し推定精度や検出力（power $(1-\beta)$，治療が有効なときに検定結果が有意となる確率）が低下する．ここで，β は検定の第二種の過誤の確率である．これは，多くの推定量で標準誤差は被験者数の $-1/2$ 乗に比例する，つまり $SE[\hat{\theta}] \propto n^{-1/2}$ であることからもわかる．仮に，欠測が完全にランダムに生じ，推定値にバイアスがなければ，情報のロスを考慮して被験者数を多めに確保することで，この問題は解決できる．ただし，その場合でも CC 解析は解析除外に伴う情報のロスが多いため，第 3 章で述べるような最尤法に基づく統計手法を用い，より多くの情報を解析に使用する試みがなされる．

(3) 統計解析ソフトの問題点

これは欠測データの統計解析の実用上の大きな問題点である．完全データを想定する統計解析ソフトウェア（例えば，SPSS, JMP, SAS, STATA, R などが提供する一般線形モデル，ロジスティック回帰モデル，Cox 比例ハザードモデルなどの標準的な統計手法）を不完全データに適用すると，後で解説するよ

うに，解析に含めた変数のいずれかに欠測がある被験者を自動的に解析から除外する．あるいは，統計ソフトによっては，データに欠測値がある場合，エラーメッセージを表示し解析自体を行わない．このため，データの解析者は，標準的な統計ソフトを用いて欠測データを解析する際，欠測が完全にランダムに生じているか否かを検討する必要がある．欠測が完全にランダムでない場合は，上述の統計ソフトの特別な関数（例えば，第4章以降で紹介するEMアルゴリズム，混合効果モデル，多重補完法など）を用いるか，あるいは欠測データの統計解析に特化した統計ソフト（例えば，SOLAS）を使用する必要が生じる．

(4) 研究の質に関する懸念

最後の4番目の問題は，データの統計解析を通じて研究の結論を導く際，大前提となる研究の質に関する事項である．欠測のために解析から除外された被験者の比率が低ければ，調査・研究が計画通りに実施されたことを意味し，研究の質（study integrity）が高いことを示唆する．逆に欠測の比率が高いと，研究のデザインや実施の不備が示唆され，研究の質に関する懸念が生じる．不可避な欠測データは仕方がないが，研究のデザインの段階で欠測の比率を下げるような工夫が重要となる．

繰り返しになるが，欠測データの4つの問題点の中で，(4)の懸念がなければ，(1)の推定値のバイアスが最も大きな問題である．それは，解析結果が質的に誤った結論を導く可能性があるからである．これに対して，(2)については，例えば検出力は低下するが，(1)がなければ質的に誤った結論を導くことはない（例えば，本当は，治療Aは死亡率を上げるにもかかわらず，治療Aは死亡率を下げると逆の結論を導くことはない）．(3)については，実務上，重要な問題点である．市販の標準的な統計ソフトの多くはCC解析を自動的に行う点に留意すべきである．データの解析者は，欠測データを解析する際，解析から除外された被験者数，比率（％），欠測のパターン（詳細は，第2章を参照），欠測の理由および解析から除外された被験者の背景を把握し，解析結果を吟味する必要がある．

1.5 欠測データと統計解析ソフト

本節では，完全データを想定する標準的な統計ソフトが欠測データをどのように処理するかをまとめる．これまで述べてきたように標準的な統計ソフトは欠測のない被験者のみを解析に含める CC 解析を行い，データが欠測している被験者を自動的に解析から除外する．あるいは，統計ソフト R では，後述のように，データが欠測している被験者を解析から除外するようにプログラミング上で指定しなければ，データに欠測がある場合，エラーメッセージを表示して解析を中断し解析結果を出力しない．データの解析者は，自分が使用する統計ソフトの統計手法が欠測値に対してどのように対処するかを理解しなければならない．また，解析を実施し，調査・研究の解析報告書（あるいは学術論文）を作成する際は，研究に参加した被験者数に加え，実際に解析に含められた被験者数を報告する必要がある．例えば，100 例分のデータを収集しても，欠測データのために実際には 80 例分しか解析に使用されていないような場合がある．解析に含められた 80 例と解析から除外された 20 例の間に背景因子（年齢や性別など）に大きな違いがある場合，CC 解析の結果は注意深く解釈する必要がある．特に，無作為化臨床試験の結果報告書作成に関するガイドライン CONSORT（Piaggio et al, 2012）では，無作為化された患者数に加え，実際に主要な解析に含められた患者数を処置群ごとに示し，解析から除外された理由を報告するよう求めている．

1.5.1 オブザベーションと変数

統計ソフトは，オブザベーション（あるいはレコードと呼ぶ）と変数という2つの単位で表形式のデータセットを読み込み統計処理する．データセットを図 1.6 に例示する．なお，欠測は"."で表示されている．オブザベーションと変数は，データセットのそれぞれ行と列に対応する．

例えば，統計ソフト（JMP，SPSS，SAS など）がこのようなデータを読み込むと「200 オブザベーション 4 変数のデータを読み込みました.」というメッセージを表示する．ここでは，被験者 ID，治療群，投与後の血圧および投与前の血圧という変数に関する 200 例分のデータを意味する．そして，多く

オブザベーション	ID	治療群	血圧投与後値	血圧投与前値
1	1	0	.	144
2	2	0	138	150
⋮	⋮	⋮	⋮	⋮
⋮	100	0	128	.
	101	1	124	156
⋮	⋮	⋮	⋮	⋮
200	200	1	.	152

図 1.6 統計解析に使用するデータセットの例

表 1.3 統計解析ソフトの欠測値の記号

統計ソフト	欠測値の記号
SPSS	空白
JMP	空白
SAS	.
STATA	.
R	NA

の統計ソフトはオブザベーションを基本単位として,各被験者を解析に含めるか否かを判定し,解析に使用するすべての変数(例えば,回帰分析では従属変数とすべての説明変数)に欠測がないオブザベーションのみを解析に含める.

1.5.2 欠測値の記号

表 1.3 に,主要な統計ソフトが内部で欠測値に割り当てる記号を示す.プログラミング言語を用いて統計解析する際は,欠測値の内部記号が必要となる.SAS と STATA の欠測値の記号は,見づらいが ". "(半角のピリオド)である.例えば,プログラミング言語である SAS で Excel などの表データを読み込むと,統計ソフト内部のデータセットでは欠測値(空白のセル)は半角ピリオドで置き換えられる.統計ソフト R では,NA(not available の意)という文字列を使用する.なお,表計算ソフトの Excel は,セルに値を入力しなければ(空白のセル)欠測と判定する.

1.5.3 欠測値を含む演算

次に,SAS や R のようなプログラミング言語における欠測値を含むデータの演算の例を示す.以下の SAS(version 9.3)のプログラムは,2 名の被験

者のデータを含むd0というデータセットの中の3つの変数A, B, Cの算術平均を計算するものである．MEAN関数（算術平均を計算する関数）を用いる場合と3つの変数の合計を3で割る場合を示している．例えば，アレルギー性鼻炎の臨床試験で変数A, B, Cがそれぞれくしゃみ，鼻水，鼻づまりの程度を表す点数（点数が高いほど各症状の程度が重い）とすると，被験者ごとに平均症状点数を計算するプログラムと解釈できる．

```
DATA d0;SET d0;
 mean=MEAN(of a b c);
 mean2=(a+b+c)/3;
RUN;

PROC PRINT DATA=d0;
RUN;
```

プログラムの実行結果を以下に示す．

OBS	ID	A	B	C	mean	mean2
1	1	10	5	15	10.0	10
2	2	10	5	.	7.5	.

ここで，1番目の被験者のデータは3変数に欠測値がないため問題はないが，2番目の被験者は変数Cが欠測している．MEAN関数は欠測のない2変数のデータのみを自動的に用いて標本平均を算出し，3つの変数の合計をNで割る計算では，演算が欠測値を含むため結果も欠測値となっている．このように同じ統計ソフトの中でも統計量の計算の方法により欠測値への対処が異なる．

次に，統計ソフトRを用い，今度は2名の被験者の変数Cの平均を計算することを考える．データセットd0の変数Cの算術平均を計算するプログラムは以下のように書ける．

> mean(d0$C)

ここでも2番目の被験者の変数Cが欠測であるため，結果はNA（Rの欠測を表す記号）が出力される．Rで欠測値を含むオブザベーションを解析から除外するためには，以下のようなプログラムを書く必要がある．

> mean(d0$C, na.rm=TRUE)

このように書くと，変数 C に欠測のある（NA である）オブザベーションは解析から除外（remove）される．ちなみに，統計ソフト R はプログラミングで大文字と小文字を区別するため，欠測データとは関係ないが注意が必要である（SAS は区別しない）．

最後に，Excel の欠測データの対処法をまとめる．例えば，Excel 2013 のシート中の 2 つのセル（セル A と B）に，それぞれ欠測（空白セル）と数字の 3 が入力されているとする．そして，別のセルに ＝(セル A＋セル B)/2 のようにして 2 つのセルの標本平均を計算すると，答えは 1.5 となる．つまり，この計算において，Excel は欠測値を 0 で補完していることがわかる．多くの場合に欠測値は 0 で近似できないため，このような方法で算術平均を計算するのは適切でない．一方，Excel の算術平均を計算する AVERAGE 関数を用いて 2 つのセルの平均を計算すると結果は 3 となる．SAS 同様，AVERAGE 関数は欠測を除外して解析を行うことがわかる．

以上のように，統計ソフトあるいは演算関数ごとに欠測値の扱いは様々である．プログラミングにより統計解析を行う際は，自分が用いる統計ソフト（および演算関数）の欠測値の取扱い方法を把握することが必須となる．

1.5.4　標準的な統計ソフトの欠測データの解析

最後に，標準的な統計ソフトで主な統計手法（線形回帰分析，分割表データの解析，ロジスティック回帰，生存時間データ解析など）を用いる際，欠測値がどのように処理されるかを解説する．基本的には，前述のように，解析に含めるすべての変数に欠測がないオブザベーションのみを解析に含める CC 解析が適用される．

(1) 変数ごとの要約統計量の計算

表 1.4 に示すような成人中年男性における BMI（body mass index＝体重 (kg)/身長 (m)^2 で定義される肥満度を測る指標）と腹囲 (cm) データの例を考える．全集団（$n=400$）における BMI および腹囲の平均と SD は，それぞれ 22.9±2.6 (kg/m^2) および 81.5±7.3 (cm) であるが，ここでは，欠測データの影響を例示するために，BMI が一定値未満の被験者の腹囲データは欠測しているような場合を考える．つまり，各変数を Y_1, Y_2 とすると，図 1.7 のような欠測のパターンである．

1.5 欠測データと統計解析ソフト

表 1.4　成人男性における BMI と腹囲データ

オブザベーション	ID	BMI	腹囲
1	1	23.4	?
2	2	27.5	92
3	3	21.5	81
…			

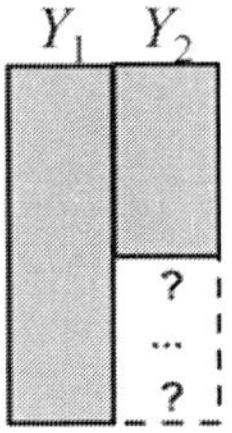

図 1.7　欠測のパターン

表 1.5　BMI と腹囲の要約統計量（AC 解析の結果）

変数	n	mean±SD
BMI（kg/m^2）	400	22.9±2.6
腹囲（cm）	219	85.8±5.8

このとき，統計ソフトを用いて各変数の要約統計量を計算すると，表 1.5 のような結果を得る．

この解析は，available-case（AC）解析あるいは pairwise deletion 解析と呼ばれ，解析する変数（BMI と腹囲）ごとにデータが欠測していない被験者を解析に含める方法である．この例題では，BMI には欠測がないため，AC 解析では 400 例すべての被験者が解析に含められ，腹囲については，腹囲データに欠測のない 219 例の被験者が解析に含められている．このように，AC 解析では，変数ごとに解析に含められる解析集団が変化するため，研究全体としての解析集団が不明確であるという欠点をもつ．AC 解析の詳細は第 3 章で解説するが，変数間の相関が高いとき，AC 解析は CC 解析よりも性能が悪くなる場合がある．上の例題では，BMI が低い集団では腹囲が欠測しているため，全集団（$n=400$）における腹囲の平均 81.5±7.3 cm と比べ，AC 解析（$n=219$）の腹囲の平均は 85.8±5.8 cm であり過大評価されていることがわかる．これは，BMI と腹囲は相関が強く（ここでは，Pearson 相関係数 $r=0.85$），腹囲の欠測が BMI の値に依存して生じたことが原因である．腹囲を Y，BMI を X とすると，このように Y が X のみに依存して欠測するような欠測発生のメカニズムは missing at random（MAR）と呼ばれ，前述の MCAR と区別される（詳細は第 2 章に解説する）．MAR の場合に腹囲の平均をバイアスなく推定する方法は第 4 章に解説する．

表 1.6 単回帰分析（BMI と腹囲の関係）の解析出力
回帰分析の分散分析表

要因	自由度	平方和	平均平方	F 値	$\Pr > F$
モデル	1	4123.7	4123.7	280.8	<.0001
誤差	217	3186.8	14.7		
総計	218	7310.5			

(2) 2変数間の関連性の解析

表 1.4 のデータで，腹囲を従属変数 Y，BMI を独立変数 X とする単回帰分析により，2 変数間の関連性を評価する．標準的な統計ソフト（JMP, SPSS, SAS, R（na.rm＝TRUE を使用）など）は，2 つの変数に欠測のない被験者（オブザベーション）のみを解析に含める CC 解析を実施する．単回帰モデルの分散分析表を表 1.6 に示す．400 例からデータが欠測している 181 例を除外した 219 例の単回帰分析であるため，総計の自由度が 218 であることがみてとれる．

推定された回帰直線と決定係数は，

$$\hat{y} = 28.5 + 2.3x, \quad R^2 = 0.564$$

であり，欠測のない 400 例に対する回帰直線

$$\hat{y} = 27.3 + 2.4x, \quad R^2 = 0.729$$

と同様の切片と傾きの推定値である．これは，単回帰直線が説明変数 X を与えたときの Y の条件付き期待値であるため，今回のように X の値に依存した欠測が生じても，腹囲が欠測した集団と欠測していない集団で母回帰直線が等しければ，CC 解析の回帰係数の推定値はバイアスをもたないためである．詳細は第 2 章で解説するが，欠測のメカニズムが MAR の場合，X を与えれば Y の条件付き分布において欠測はランダムに生じる．ただし，X に依存した欠測では，CC 解析で使用されるデータの X の範囲が狭くなるためモデルの当てはまりを表す R^2 は低下する．

ここでは，変数が連続型変数の場合について述べたが，変数がカテゴリカル変数の場合の分割表データにおける関連性の解析（例えば，χ^2 検定やロジスティック回帰分析）においても，標準的な統計ソフトは同様の CC 解析を適用する．

(3) 多変量解析

BMIと腹囲の例では，結果変数 Y と1つの共変量の関係を推定する単回帰分析を考えたが，ここでは，Y と複数の共変量 $(X_1, X_2, ..., X_p)$ 間の関連性を評価する重回帰分析や多重ロジスティック回帰における，標準的な統計ソフトの欠測値の対処法をまとめる．多変量解析の場合も，標準的な統計ソフトは，Y を含むすべての変数に欠測がない被験者のみを解析に含める CC 解析を行う．共変量の数が増えると共に，解析から除外される被験者数も増加する．例えば，統計モデルに含めるすべての変数に独立に5%の確率で欠測が生じ，変数が5個ある場合，$1-0.95^5=0.23$ より，約23%の被験者が解析から除外される．特に観察研究で多くの説明変数を含む多変量解析を行う場合，多くの被験者が解析から自動的に除外されていることがある．また，一部の集団でしか測定されていないような変数が存在するデータで多変量解析を行う場合も，多くの被験者が解析から除外されていることがあり，注意が必要である．多変量解析の際にも，欠測のパターンを要約し，最終的な解析に含められた被験者の例数と比率を把握することが重要である．

(4) 反復測定データの解析

図1.4に示したように，被験者からある変数を繰り返し測定するような種類の研究も多い．そのような研究から得られるデータを反復測定データ (repeated measurements)，あるいは被験者から時間経過的にデータを測定する場合，経時測定データ (longitudinal data) と呼ぶ．このような研究では被験者が何らかの理由により研究から脱落 (dropout) し，その後のデータが得られないという欠測のパターンが多い（第2章で解説する単調な欠測パターン）．欠測のパターンごとに使用できる解析手法が変わるため，欠測パターンの把握は解析の第一歩である．反復測定データの解析では，図1.8の2種類の形式のいずれかでデータが作成され，それぞれ縦型データ，横型データと呼ばれる．統計ソフトや統計手法により，必要なデータの形式が決まっている．手法の詳細は第6章（反復測定データの統計解析）で解説するが，例えば，反復測定分散分析では横型のデータが必要なことが多く，混合効果モデルの解析では縦型のデータが必要なことが多い（例えば，SPSSやSAS）．

ここで，横型データでは，反復測定の時点がすべての被験者で揃っている必要がある点に留意すべきである．反復測定データの解析でも標準的な統計ソフ

(a) 縦型データ			
ID	TRT	Week	Y
1	0	0	24
1	0	8	13
1	0	16	14
2	0	0	15
2	0	8	7
2	0	16	?
⋮			

(b) 横型データ				
ID	TRT	Week0	Week8	Week16
1	0	24	13	14
2	0	15	7	?
⋮				

図 1.8 反復測定データの 2 種類の形式

トは前述のようにオブザベーションごとに処理を行い，縦型データおよび横型データに対して，すべての変数に欠測のないオブザベーションのみを解析に含める．つまり，横型データを使用する場合，すべての時点に欠測のない被験者のみが解析に含められるため，特に期間が長い研究の場合，解析除外の比率が高くなることがあり，特に注意が必要である．欠測を伴う反復測定データの統計解析の詳細については，第 6 章で解説する．

(5) 生存時間データの解析

研究の目的を表す結果変数が何らかの事象（イベントと呼ばれる）が発生するまでの時間であることもある．扱うデータによりイベントの定義は様々であるが，例えば，医学分野では死亡，工学分野では製品の故障，経済分野では企業の倒産などをイベントとすることもある．このようなイベント発生までの時間を分析対象とする統計手法は，生存時間データ解析（survival data analysis）あるいは故障時間データの解析（failure time analysis）と呼ばれる．このとき，すべての個体にイベントが発生するまで研究を継続することは不可能であるため，いくつかの個体には研究期間内にイベントが生じない．このような個体は打ち切り（censoring）として，その時点までイベントが生じなかったという情報を解析に使用する．つまり，生存時間 T が追跡不能となった時点 t 以上であるという情報を用いる．ある時点 t 以降のイベントが観察されないような打ち切りを右側打ち切り（right censoring），時点 t 以前のイベントが観察されないような場合を左側打ち切り（left censoring）と呼ぶ．また，イベント発生の正確な時間が不明で何らかの区間内でイベントが発生したことのみがわかっている場合を区間打ち切り（interval censoring）と呼ぶ．通常の生存時間データ解析（例えば，Cox 回帰分析）は，研究期間内の打ち切りが処

置およびイベント発生と関係しないランダム打ち切り（random censoring）であることを仮定する．また，通常の生存時間データの解析の統計ソフトは，研究期間などによる制約のために生じる従属変数の右側打ち切りがあることは許容するが，共変量に欠測値がある被験者は解析から除外する．生存時間分析の詳細については，Cox and Oakes（1984），Lawless（2002），Kalbfleisch and Prentice（2002）などを参照されたい．第4章に，打ち切りがある生存時間データを用いた最尤推定法を紹介する．生存時間データに対して多重補完法を使用する際の留意点については，第5章で解説する．以下に打ち切りと近い関係にある切断（truncation）について簡単にまとめる（詳しくは第4章を参照）．

［トピック］ 打ち切りと切断

確率変数 T が生存時間の場合のみとは限らないが，T が何らかの確率分布 $f(t)$ に従う場合の打ち切り（censoring）と切断（truncation）の差異をまとめる．まず，打ち切りは，前述のように研究期間 t の間にイベントが発生しなかった場合（つまり，$T>t$)，生存時間 T は t より長いことはわかるが正確な時間は不明である．そして，例えば研究期間が5年の場合のこのような打ち切りデータは，5+ のように + を付して表現される．このため，打ち切りの場合，研究全体において，5年で追跡が打ち切られた被験者の人数はわかる．

一方，切断は，例えば $T>t$ の場合にデータが観察されないのは打ち切りと同じであるが，研究において測定値が切断された被験者の人数もわからない．例えば，生存時間データではないが，変数 X の値が x 未満の被験者のみを研究に組み入れ，その被験者集団のみを観察し，研究に組み入れられなかった集団は観察しないような場合である．打ち切りと切断は共に変数 T がある値以上（あるいは未満）の場合に正確な値が測定されない点で等しいが，前者は値が測定されなかった人数がわかり，後者はわからないという大きな違いがある．欠測したデータの比率が不明である切断の場合，もとのデータの分布に関するパラメータ推定が困難となる（岩崎（2002）などを参照）．

1.6 本章のまとめと2章以降の構成

　本章では，欠測データの統計解析を俯瞰した．特に，欠測データに起因する問題点と標準的な統計解析ソフトを用いて欠測データを解析する際，データが欠測していない部分集団のみを解析に含めるCC解析を適用することを解説した．また，複数の変数が存在するデータにおいて，各変数の要約統計量を推定する場合は，変数ごとに値が欠測していない部分集団を解析に含めるAC解析を行う．いずれの解析も全集団の部分集団を用いた解析であり，そのような解析が妥当性をもつためには，データが欠測した集団が全集団からのランダム標本とみなせるという条件が必要であり，その条件を満たさない場合，結果にバイアスが生じる．この条件は，次章で定式化し解説する欠測発生のメカニズムと深く関係する．また，統計解析に際しては，研究に組み入れられた被験者数のみでなく，実際に解析に含められた被験者数を示し，その被験者背景を把握する必要がある．更に，データが欠測した理由と欠測パターンの要約が重要となる．

　最後に，次章以降の本書の構成を示す．第2章では，用語や記号を定義し欠測データの統計解析の枠組みを整理する．特に，欠測メカニズムや欠測の無視可能性という重要な概念を導入する．第3章では，CC解析，AC解析および欠測に単一の予測値を補完する手法などを要約し，各手法の問題点を強調する．第4章では，最尤法に基づく統計手法を完全データの場合と欠測データの場合についてまとめる．第5章では近年様々な分野の欠測データの解析への適用が増えている多重補完法を紹介する．多重補完法はベイズ理論に基づく柔軟性の高い手法であり，単一値補完法で生じるパラメータ指定における推定精度の過大評価を防ぐ．第6章では，被験者から繰り返しデータを測定する反復測定データにおける欠測への対処法をまとめる．特に各手法が脱落（dropout）をどのように扱うかを解説する．第7章では，欠測メカニズムにMAR（missing at random）を必要としないより複雑なMNAR（missing not at random）の手法を紹介する．これらの手法は実際の研究では，感度分析として重要となる．最後に本書の総括を行う．

Chapter 2
欠測データの統計解析の枠組み

　本章では，欠測データの統計解析で使用される表記法や重要な概念を要約する．その際，欠測の有無を表す 2 値の確率変数を導入し，欠測データのモデルを定式化する．特に欠測の 2 つのパターンと欠測が生じる 3 つのメカニズムを定義し，欠測データを無視した解析が妥当性をもつ条件（無視可能性）について解説する．2.1 節で表記法，2.2 節で欠測のパターン，2.3 節で欠測のメカニズム，2.4 節で欠測データの無視可能性について述べる．最後に 2.5 節でまとめを行う．

2.1 表　記　法

　本書で用いる表記法を定義する．第 i 番目の被験者の第 j 番目の変数のデータを表す確率変数を Y_{ij} とし，それを要素とする $n \times p$ のデータ行列を Y で表記する．つまり，データは n オブザベーション，p 変数で構成される．そして，Y を構成する p 個の変数の同時分布を $f(y|\theta)$ で表記する．ここで，θ はデータの分布を規定するパラメータベクトルであり，そのパラメータ空間を Ω_θ とする．このとき，データ行列 Y の欠測の有無を表す 2 値の確率変数（missing indicator）を

$$M_{ij} = \begin{cases} 0, & Y_{ij} \text{が観察} \\ 1, & Y_{ij} \text{が欠測} \end{cases}$$

と定義し，それを要素とする行列を M で表記する．そして，M を構成する p 個の変数の同時分布を $f(m|\phi)$ で表す．ここで，ϕ は欠測の有無 M の分布を規定するパラメータベクトルであり，そのパラメータ空間を Ω_ϕ とする．そして，通常，θ と ϕ は互いに素（disjoint）であると仮定する．つまり，$\Omega_{\theta,\phi} = \Omega_\theta \times \Omega_\phi$ のように，θ と ϕ の同時パラメータ空間 $\Omega_{\theta,\phi}$ が各パラメータ空間のデ

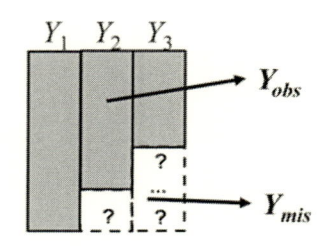

図2.1　データの表記法

カルト積で表現されるという条件である．

次に，図2.1のように，データ行列で値が観察された部分をY_{obs}，欠測した部分をY_{mis}で表記する．

つまり，データ$Y=(Y_{obs}, Y_{mis})$において，Y_{obs}に対応する部分は$M_{ij}=0$となり，Y_{mis}に対応する部分は$M_{ij}=1$となる．つまり，完全なデータは3つの確率変数（Y_{obs}, Y_{mis}, M）で表現される．ただし，Y_{mis}は確率変数であり何らかの確率分布に従うが，その値は決して観察されることはないため，実際に観察されるデータは，Y_{obs}とMの同時分布$f(Y_{obs}, M|\theta, \phi)$で完全に表現される．そして，欠測値を無視した$Y_{obs}$のみに基づく解析では，観察されたデータ$Y_{obs}$の周辺分布$f(Y_{obs}|\theta)$のみを考える．

なお，本節では欠測データの定式化を単純化するために，便宜上，結果変数Y，処置変数Z，共変量XのすべてをデータYとしたが，以降，必要に応じて，分けて表記する．

2.2　欠測のパターン

次に欠測のパターンについて解説する．欠測データの統計解析では，単調な欠測パターン（monotone pattern）と非単調な欠測パターン（non-monotone pattern）の2種類を考える．欠測パターンごとに使用できる手法が異なるため，統計解析の前に，まずデータの欠測パターンと欠測の比率（proportion）を要約することが解析の第一歩となる．単調な欠測パターンとは，図2.2(a)のようなパターンのことをいう．つまり，Yの変数を並び替えられる場合は，変数を欠測の少ないものから順に並び替え，同様にオブザベーションも欠測の

2.2 欠測のパターン

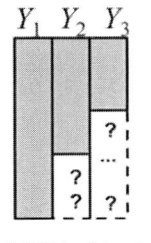

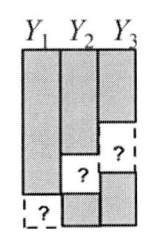

図 2.2 欠測パターンの例
(a) 単調なパターン (b) 非単調なパターン

少ない順に並べ替えた後の第iオブザベーション，第j変数をY_{ij}^*とし，その欠測を表す確率変数をM_{ij}^*とするとき，すべての被験者iに対して，$M_{ij}^*=1$ならば，$M_{ik}^*=1\ (j<k)$が成り立つとき，単調な欠測パターンであるという．そして，それ以外の欠測パターンを非単調なパターンという（図2.2(b)）．

一方，第1章で紹介した経時測定データ（longitudinal data）は，各被験者から何らかの測定値を経時的に得るため，図2.2の$Y_1, Y_2, Y_3, \ldots$が各時点の測定値を表し変数の並びが意味をもつ．経時的な研究において，欠測データが患者の脱落（dropout）のために生じるとき，ある患者がある時点で研究から脱落すると，その患者のそれ以降の時点の測定値はすべて欠測となり，患者を欠測の数が少ない順に並び替えると，図2.2(a)のような単調な欠測パターンとなる．この種の欠測を英語ではattritionと呼ぶこともある．また，経時測定データにおいて，ある時点で一時的にデータが欠測し，その後の時点で再びデータが観察されることがあるような場合は非単調な欠測パターンとなる．経時測定データのこのような欠測を英語ではintermittent missingと呼ぶこともある．

技術的には，欠測が単調なパターンの場合は，複雑な計算を行うことなく最尤法に基づく適切な欠測データの統計解析を行うことができる（正確には次節で解説する欠測メカニズムがMCARであることが必要）．それは次の条件付き分布の分解により説明できる（詳細は4.3節で解説する）．例えば，図2.2 (a)のように，変数が3つで単調な欠測パターンの場合，Y_{obs}を構成する各オブザベーションは次の3パターンのいずれかに分類される．

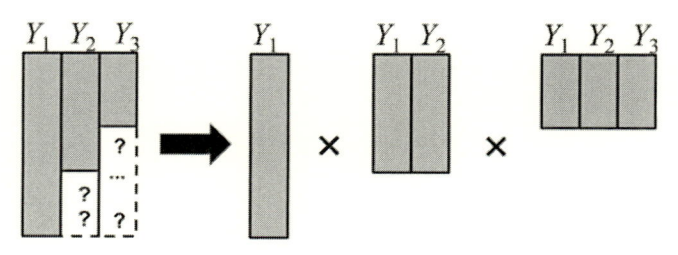

図 2.3 単調な欠測パターンの場合の同時分布の分解

$$f(y_1, y_2, y_3) = f(y_2, y_3|y_1)f(y_1) = f(y_3|y_1, y_2)f(y_2|y_1)f(y_1)$$
$$f(y_1, y_2) = f(y_2|y_1)f(y_1) \tag{2.1}$$
$$f(y_1)$$

このため，Y_{obs} の同時分布（つまり，第 4 章で解説する尤度関数）は $f(y_1)$, $f(y_2|y_1), f(y_3|y_2, y_1)$ の 3 種類の条件付き確率密度関数あるいは周辺確率密度関数を用いて記述できる．図 2.3 は，単調な欠測パターンの場合に，データの同時分布が上記の 3 つの確率分布で表現できることを表す概念図である．

そして，Y_1, Y_2, Y_3 の平均と分散を推定する場合は，条件付き確率密度関数のパラメータは回帰パラメータである点に留意すると，まず図 2.3 の 3 種類の確率密度関数のパラメータ，(1) Y_1 の周辺分布の平均と分散，(2) Y_2 の Y_1 上への回帰のパラメータ，(3) Y_3 の Y_1 と Y_2 上への回帰のパラメータをそれぞれ推定し，各パラメータを変換することにより，最終的に Y_1, Y_2, Y_3 の平均と分散を推定できることが示唆される（詳細は第 4 章を参照）．

一方，欠測パターンが非単調な場合は，欠測のパターン数が増え，データの同時分布を上記のように単純なパターンに分解できず，例えば，Y_2 の Y_1 上への回帰を意味する $f(y_2|y_1)$ のみでなく，逆の回帰を意味する $f(y_1|y_2)$ も考える必要が生じ，例えば，データの分布の平均や分散パラメータの推定では，複雑な反復計算が必要となる（詳細は，4.5 節の EM アルゴリズムを参照）．

2.3 欠測のメカニズム

次に，データ Y がどのようにして欠測するかを表現する欠測メカニズム（missing data mechanism）を定義する．Little and Rubin（1987）は，欠測メ

カニズムを，データ Y を与えたときの欠測の有無を表す 2 値の確率変数 M の条件付き分布 $f(M|Y,\phi)$ として以下の 3 種類に分類した．現在でも，欠測データの統計解析の問題では，この定式化が標準的に使用されている．

欠測メカニズム
1) MCAR（missing completely at random） : $f(M|Y,\phi)=f(M|\phi)$
2) MAR（missing at random） : $f(M|Y,\phi)=f(M|Y_{obs},\phi)$
3) MNAR（missing not at random）: $f(M|Y,\phi)=f(M|Y_{obs},Y_{mis},\phi)$

ここで，MCAR はデータと無関係に欠測は完全にランダムに生じるという最も強い仮定であり，MAR は Y_{obs} を与えれば，欠測はランダムに生じるというものである．MNAR は MAR が成り立たなく，Y_{obs} を与えた下でも，欠測値の観察されない値自体に依存してデータが欠測するという仮定である．以下に，各メカニズムを概説する．

(1) MCAR

欠測メカニズムに関する最も強い仮定であり，Y の欠測が無条件で完全にランダムに生じるというものである．つまり，すべての被験者に対して一定の確率で等しく Y が欠測するという仮定である．例えば，すべての被験者に対して確率 0.1 で完全にランダムに欠測が生じる場合である（ϕ が欠測確率を表すパラメータとすると，$\phi=0.1$）．MCAR の下では，データが完全である集団とデータが不完全である集団の間で被験者の特性（観察される背景因子や観察されない被験者特性など）が平均的に等しいとみなせる．例えば，臨床試験では症状の悪化に伴い患者が研究から脱落しその後の値が欠測することが多いため，MCAR は強すぎる仮定であることが多い．仮に MCAR が成り立てば，1.1 節の complete-case（CC）解析はバイアスのない推定値を与える．

(2) MAR

MAR は MCAR と混同しがちであるがまったく異なる欠測メカニズムであり，欠測データの統計解析では明確に区別する必要がある．MAR は観察されたデータ Y_{obs} を与えれば欠測はランダムに生じるというメカニズムであり，Y_{obs} によらず欠測が完全にランダムに生じるという MCAR とは異なる．つま

り，MAR とは欠測確率を観察されたデータ Y_{obs} で説明できるという条件である．この予測の自然なモデルは，次のロジスティック回帰モデル

$$P(M=1)=\frac{1}{1+\exp(-(\alpha+\beta x))}$$

などが考えられる．ここで，$X=x$ は欠測発生の予測に用いる共変量である（例えば，Y_{obs}）．

　実際の研究およびそのデータ解析では，欠測メカニズムが MAR であると仮定することが多く，前述の臨床試験における欠測データの取扱いに関するガイドライン（National Research Council, 2010）でも，主解析に MAR を仮定することは多くの場合に適切であると述べている．例えば MAR は，ある被験者の集団（例えば，臨床試験でベースラインの症状が重い患者群）で欠測の比率が高くてもよいが，その欠測値 Y_{mis} を観察されたデータ Y_{obs} で説明できるというものである．Liu and Gould（2002）は経時測定データを得る研究では，被験者が研究から脱落する直前の値を可能な限り収集することにより，MAR が成立する可能性を高められると述べている．なお，後述するように MAR の下では，いくつかの推測法（最尤法など）を用いれば，欠測を無視でき，解析の負荷を軽減できる．

(3) MNAR

　最後に，MNAR は，観察されたデータ Y_{obs} を与えた下でも，データの欠測確率が欠測したデータの値 Y_{mis} 自体に依存するというメカニズムである．つまり，観察されたデータで欠測値を説明できず欠測値が未知の値に依存するというものである．欠測値 Y_{mis} を観察されたデータ Y_{obs} のみで説明できないため，次節で示すように，解析では Y_{obs} に関するモデルのみでなく，欠測に関する確率変数 M，Y_{mis} に関するモデル化が必要となり，統計手法が複雑化する．なお当初，Little and Rubin（1987）では，MNAR の代わりに NMAR（not missing at random）という用語を使っていたが，その後の書籍では MNAR が一般的であるため，本書でも MNAR を用いる．

　以上が，欠測発生に関する3つのメカニズムである．データの解析者は，欠測の理由などを吟味して，研究ごとに最適と考えられる欠測メカニズムの仮定を選び，その欠測メカニズムの下で適切な統計手法（principled methods と呼

表2.1 欠測メカニズムと主な統計手法

欠測メカニズム	Yが連続変数	Yが2値変数
MCAR	1) 1時点のデータ ・分散分析モデルのCC解析 2) 経時測定データ ・一般線形混合効果モデル	1) 1時点のデータ ・ロジスティック回帰のCC解析 2) 経時測定データ ・GEE解析
MAR	1) 1時点のデータ ・EMアルゴリズム ・多重補完法 2) 経時測定データ ・一般線形混合効果モデル ・多重補完法	1) 1時点のデータ ・多重補完法 2) 経時測定データ ・一般化線形混合効果モデル ・多重補完法 ・GEEの重み付け解析
MNAR	・選択モデル ・パターン混合モデル	・選択モデル ・パターン混合モデル

(注) 共変量の欠測については別途検討が必要

ばれる）を用いて統計解析を行う必要がある．MARの下で適切な手法は，第6章で解説する最尤法に基づく混合効果モデル，ベイズ理論に基づく多重補完法（第5章），重み付け解析法（第3章および第6章を参照）などである．MNARの下で適切な統計手法は，大きく分けると選択モデル（selection model）とパターン混合モデル（pattern-mixture model）がある．また，パターン混合モデルに変量効果を加えたshared-parameter modelという手法もあるが，本書ではその詳細は扱わない．表2.1に欠測メカニズムごとに適切な統計手法を要約する．ここでは，各統計手法の分類のみを提示し，手法の細かい解説は後の章で行う．

2.4 無視可能性

次に，欠測メカニズムの無視可能性（ignorabilityあるいはignorable missing data mechanism）という重要な概念について解説する．まず，完全データ（full data）の同時確率密度関数は，

$$f(Y, M|\theta, \phi) = f(Y|\theta)f(M|Y, \phi) \tag{2.2}$$

となる．しかし，実際のデータではY_{mis}の値は観察されないため，統計解析では，Y_{mis}を通じた積分を行い，観察された完全なデータ（observed full data）の同時確率密度関数

$$f(Y_{obs}, M|\theta, \phi) = \int f(Y_{obs}, Y_{mis}|\theta) f(M|Y_{obs}, Y_{mis}, \phi) dY_{mis} \qquad (2.3)$$

を考える必要がある．この Y_{obs} と欠測を表す確率変数 M の同時分布に基づく完全な尤度関数を

$$L_{full} \propto f(Y_{obs}, M|\theta, \phi) \qquad (2.4)$$

と表記する．ここで，尤度関数（2.4）は，数式上は同時確率（密度）関数（2.3）と類似した関数にみえるが，確率関数のようにそれをデータ（Y_{obs}, M）の関数とみるのではなく，パラメータ（θ, ϕ）の関数とみたものである．つまり，尤度はデータを与えたときのパラメータの尤もらしさを表す関数と考えられるため，尤度を最大化するパラメータの値を推定値とする推定法は理にかなっている．これを最尤推定法あるいは最尤法という（詳細は第 4 章を参照）．

（2.4）に基づく解析は，欠測の有無を表す確率変数 M に関するモデル化を必要とし，通常の統計ソフトでは実行できない．一方，観察されたデータ Y_{obs} のみに基づく尤度関数 $f(Y_{obs}|\theta)$ のみを考えれば十分であれば，通常の統計ソフトを使用することができ便利である．このため，ここでは Y_{obs} のみの尤度関数に基づく解析が適切である条件を考える．欠測データを無視した観察されたデータのみに基づく確率密度関数を

$$f(Y_{obs}|\theta) = \int f(Y_{obs}, Y_{mis}|\theta) dY_{mis} \qquad (2.5)$$

とする．この密度に基づく尤度関数を

$$L_{ign} \propto f(Y_{obs}|\theta) \qquad (2.6)$$

と表記する．無視可能な欠測メカニズムとは，その欠測メカニズムの下で，（Y_{obs}, M）の完全な尤度関数（2.4）に基づく推測と Y_{obs} のみの尤度（2.6）に基づく推測が等しい推定値を与えるような欠測メカニズムのことをいう．

例えば，MCAR は，データが欠測している集団が全集団からの完全なランダム標本と考えるものであるため，CC 解析に対して無視可能な欠測メカニズムである．つまり，MCAR の下では，CC 解析は妥当な解析となる．

第 4 章で解説する最尤法に基づく手法の無視可能な欠測メカニズムについて，以下が成り立つ．

命題 2.1　最尤法の無視可能な欠測メカニズム　θ と ϕ が互いに素（distinct）という仮定の下，最尤法に基づく統計手法の無視可能な欠測メカニ

ズムは，MCAR または MAR である．

以下に証明を示す．

証明 MCAR は MAR よりも厳しい仮定であるため，MAR の場合のみを証明すればよい．MAR の下，θ と ϕ が互いに素であれば，観察された完全なデータの確率分布は，

$$\begin{aligned}
f(Y_{obs}, M|\theta, \phi) &= \int f(Y_{obs}, Y_{mis}|\theta) f(M|Y_{obs}, Y_{mis}, \phi) dY_{mis} \\
&= \int f(Y_{obs}, Y_{mis}|\theta) f(M|Y_{obs}, \phi) dY_{mis} \\
&= f(M|Y_{obs}, \phi) f(Y_{obs}|\theta)
\end{aligned} \quad (2.7)$$

となる．これは θ と ϕ の同時尤度関数が，各パラメータの尤度関数の積となることを表す．このため，θ と ϕ それぞれの尤度を最大化すれば（2.7）を最大化できる．つまり，欠測メカニズムが MAR であれば，$L_{ign} \propto f(Y_{obs}|\theta)$ を最大化することにより θ の最尤推定値が得られる．したがって，最尤法に基づく統計手法に対しては，MAR（または MCAR）が無視可能な欠測メカニズムである．（証明終）

なお，ベイズ理論に基づく統計手法は，次のようにパラメータの事後分布が，尤度関数とパラメータの事前分布の積に比例すると考えるため，

$$f(\theta|Y_{obs}) \propto f(Y_{obs}|\theta) f(\theta) \quad (2.8)$$

事前分布の情報が小さければ，ベイズ手法は最尤法を近似すると考えられる．実際に，無情報事前分布（non-informative prior distribution）を用いたベイズ手法に対する無視可能な欠測メカニズムは MAR である．ここで，無情報事前分布とは，パラメータに関する情報をもたない事前分布である（つまり，$f(\theta) = c$（c は定数）のような確率関数をもつ分布）．大標本では最尤推定がよい性能をもつが，一般に小標本の下では，ベイズ手法の方がよい性質をもつ．また，厳密には，データと欠測に関するパラメータの事前分布が互いに独立（a priori independent）であるという条件 $p(\theta, \phi) = p(\theta) p(\phi)$ が必要となる．

一方，厳格な頻度論（最小二乗推定や後述の一般化推定方程式）に基づく解析では，MCAR が無視可能な欠測メカニズムとなる（Molenberghs and Kenward, 2007）．表 2.2 に，推定法ごとの無視可能な欠測メカニズムを要約する．

表2.2 欠測が無視可能となる条件

1) 頻度論に基づく手法
   - 欠測メカニズムがMCAR
2) 最尤法に基づく手法
   - 欠測メカニズムがMAR
   - θとϕが互いに素である
3) ベイズ理論に基づく手法
   - 欠測メカニズムがMAR
   - θとϕの事前分布が互いに独立である

ただし，2) については尤度関数に M を組み込めば，MNAR の下でも妥当な手法となる．

最後に，欠測メカニズムが MNAR の場合のモデル化の方法を紹介する．MNAR の下では，観察されたデータ Y_{obs} のみで欠測発生を説明できないため，統計モデルでは，Y_{obs} と M の同時分布を考える必要が生じる．MNAR の統計手法は，同時分布の分解の仕方により，選択モデル（selection model）とパターン混合モデル（pattern-mixture model）の2つに大別される．以下にそれぞれ解説する．

(1) 選択モデル

選択モデルは，完全な尤度関数の次の分解に基づく．

$$f(Y_{obs}, Y_{mis}, M|\theta, \phi) = f(Y_{obs}, Y_{mis}|\theta) f(M|Y_{obs}, Y_{mis}, \phi) \tag{2.9}$$

これは，同時分布を，（観察された）データの周辺分布とデータを与えたときの欠測の有無の条件付き分布の積に分解することを意味する．前者にはデータが連続型の変数の場合，多変量正規分布を仮定することが多く，後者にはプロビットモデルやロジスティック回帰モデルなどを仮定する．つまり，データを用いて欠測発生を説明できると考えるものである．

(2) パターン混合モデル

一方，パターン混合モデルは，完全な尤度関数を次のように分解する．

$$f(Y_{obs}, Y_{mis}, M|\theta, \phi) = f(Y_{obs}, Y_{mis}|M, \theta) f(M|\phi) \tag{2.10}$$

これは，同時分布を，欠測パターンを与えたときのデータの条件付き分布と欠測パターンの周辺分布の積に分解することを意味する．前者は，欠測パターン（例えば，経時測定データでは同じ時点で脱落した患者集団）ごとのデータの分布に多変量正規分布を仮定することが多く，後者は各パターンの確率を表す．

このように，選択モデルとパターン混合モデルではデータの分布に周辺分布と条件付き分布を考えるため，特にデータの分布がカテゴリカルデータの場合には，そのパラメータの解釈が異なる点に注意が必要である．MNAR の統計モデルの詳細は，第 7 章で解説する．

例題 2.1 **無視可能な欠測メカニズムと推測対象** 以下に，典型的な 3 つのケースに対して，統計手法と無視可能な欠測メカニズムを推測の対象ごとに例示する．

ケース 1：2 群の間で 1 変量の Y を比較する場合

最初に，最も単純な場合として，ある 1 時点で測定される結果変数 Y の平均を 2 群（例えば，0：標準薬群，1：新薬群）の間で比較することを考える．ここでは，Y の欠測値 Y_{mis} の予測に有用な共変量が存在しないとする．データは，図 2.4 のような欠測パターンとなる．

この例では，欠測値を予測するための共変量がないため，MCAR は全集団において欠測が完全にランダムに生じるという条件となり，MAR は処置群 Z の中では欠測がランダムに生じる（処置群 Z を与えれば Y_{obs} と Y_{mis} の分布は等しい）という条件である．研究の目的である推測対象が $E[Y|Z=1]-E[Y|Z=0]$ であるとき，CC 解析（各処置群の Y_{obs} の標本平均の差を計算）に対する無視可能な欠測メカニズムは，MCAR あるいは MAR である．欠測メカニズムが MNAR の場合は，Y_{mis} の分布に関する何らかの仮定を行い，感度分析を行う必要がある．

ケース 2：2 群の間で 1 変量の Y を比較する場合（共変量がある場合）

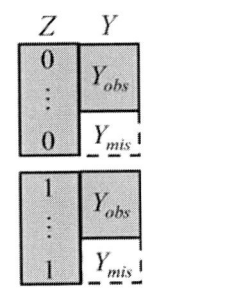

図 2.4 2 群の間で 1 変量の Y を比較する場合

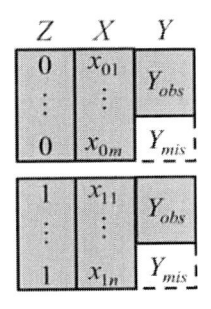

図 2.5 2 群の間で 1 変量の Y を比較する場合（共変量あり）

次に，ケース1において，結果変数 Y の欠測値の予測に有用な共変量 X が存在する場合を考える．例えば，Y が結果変数の処置後の値で，X が処置前の値であるときである．データは，図2.5のような欠測パターンとなる．

この例では，MCAR は全集団において Y の欠測が完全にランダムに生じるという条件であり，MAR は処置群を表す変数 Z と共変量 X を与えた下で欠測はランダムに生じるという条件である．ケース1と同様，研究目的である推測の対象が $E[Y|Z=1]-E[Y|Z=0]$ であるとすると，従属変数を Y，説明変数を Z と X とする共分散分析モデルを用いた CC 解析に対する無視可能な欠測メカニズムは MAR（あるいは MCAR）である．それは，MAR の定義から

$$f(Y_{obs}|Z=z, X=x) = f(Y_{mis}|Z=z, X=x) \qquad (2.11)$$

より，

$$E[Y_{obs}|Z=z, X=x] = E[Y|Z=z, X=x] \qquad (2.12)$$

となり，MAR の下では，CC 解析に基づく回帰直線がバイアスをもたないためである．ただし，この共分散分析が正しいためには，Y と X の関係が2群の間で等しい必要がある．このとき，研究の推測対象は

$$E[Y_{obs}|Z=1, X=x] - E[Y_{obs}|Z=0, X=x] \qquad (2.13)$$

と等しく，第1章で述べたように，(2.13) は，共分散分析モデルの CC 解析における処置変数の偏回帰係数である．

一方で，研究の推測対象が2群の間の Y の平均の差でなく，各群の Y の平均自体である場合，単純な CC 解析は偏りをもつ．それは，MAR の場合，X に依存して Y が欠測するため，CC 解析の集団と CC 解析から除外された集団の間で X の分布が異なるためである．つまり，

$$E[Y_{obs}|Z=z] \neq E[Y|Z=z] \qquad (2.14)$$

となる．したがって CC 解析の群ごとの Y の周辺平均の推定値はバイアスをもつ．推測の対象が群ごとの周辺平均である場合，第4章で紹介する X のみが観察されている被験者のデータも尤度関数に含める最尤法に基づく統計手法が必要となる．

ケース3：2群の間で反復測定の Y を比較する場合

最後に，ケース2とデータの形は似ているが，結果変数 Y が処置後の2つの時点で測定され，最後の時点の Y の平均を2群の間で比較することが研究目的である場合を考える．ケース2との違いは，Y_1 が共変量（固定された値）

2.4 無視可能性

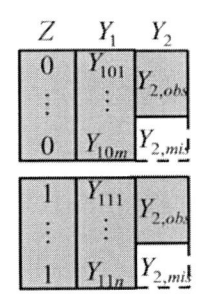

Z	Y_1	Y_2
0	Y_{101}	$Y_{2,obs}$
⋮	⋮	
0	Y_{10m}	$Y_{2,mis}$
1	Y_{111}	$Y_{2,obs}$
⋮	⋮	
1	Y_{11n}	$Y_{2,mis}$

図 2.6 2 群の間で反復測定の Y を比較する場合

でなく，処置後の従属変数（バラツキをもつ変量）である点である．第 1 章で紹介したように反復測定データの例であり，データは図 2.6 のような欠測パターンとなる．

この例では，MCAR は全集団において Y_2 の欠測が完全にランダムに生じるという条件であり，MAR は処置群を表す変数 Z と時点 1 の結果変数 Y を与えた下で欠測はランダムに生じるという条件である．ケース 2 と同様に，研究の推測の対象は $E[Y_2|Z=1]-E[Y_2|Z=0]$ とする．このとき，(2.7) より，結果変数の反復測定値（Y_1 と Y_2）の観察された値 Y_{obs} をすべて解析に含める最尤法に基づく解析手法（例えば，第 6 章で解説する線形混合効果モデル）に対する無視可能な欠測メカニズムは，MAR（あるいは MCAR）である．なお，この尤度に基づく解析法は，Y_1 のみが観察されている被験者を解析から除外する CC 解析とは異なる点に留意すべきである．尤度に基づく手法では，同時密度を

$$f(y_2, y_1|Z=z) = f(y_2|Y_1=y_1, Z=z)f(y_1|Z=z)$$

と分解できるため，Y_1 のみが観察されている被験者も解析に含めることができ，処置群ごとの Y_2 の周辺平均が推測対象であるときも，MAR の下で不偏推定が可能となる．

以上のように，問題の設定や推測対象ごとに無視可能な欠測メカニズムが異なることを 3 種類の典型的な例を用いて紹介した．最後に，臨床試験の分野における推測対象（estimand）の話題を紹介する．

[トピック]　推測対象（estimand）

　ここでは，第1章で触れた estimand について概説する．統計学では，推測対象とするものを estimand と呼ぶことがある（Murray and Findlay, 1988）．欠測データの統計解析では，各研究の estimand を明確化することが重要であり，それにより問題の無用な複雑化を防ぐことができる．以下に estimand について要約する．例えば臨床試験の文脈では，推測の対象を表す estimand は，次の要素で構成される（Little et al, 2012）．

1) 従属変数 Y
2) 割り付けられた処置 Z
3) 解析対象集団
4) Y を評価する時点
5) 処置の遵守状況

ここで，解析対象集団とは統計解析に含める被験者集団であり，第1章で述べた intention-to-treat（ITT），full analysis set（FAS）および per protocol set（PPS）がある．そして，Little et al（2012）は，次の5つの estimand を例示した．

1) ランダム化された全集団における Y の改善値の2群間の差
2) 処置を遵守した集団における Y の改善値の2群間の差
3) 仮にすべての被験者が処置を遵守した場合の Y の改善値の2群間の差
4) 処置を遵守した期間における Y の AUC（area under the curve）の2群間の差
5) 処置を遵守した期間における Y の改善値の2群間の差

ここで，1) は ITT に基づく estimand であり，データが欠測している場合，何らかの補完（あるいは予測）が必要となる．より現実を反映した集団での処置効果である．2) は PPS 解析（サブグループ解析）であり，処置効果と処置の遵守に関連性がある場合，結果にバイアスが生じる．3) は仮にすべての被験者が処置を遵守したときという，ある意味で理想的な状況下での処置効果である．統計的因果推論の枠組みでは，平均因果効果（average causal effect, ACE）と呼ばれる．4) および5) は処置を遵守した期間内に限定した処置効果である．4) の AUC は結果変数 Y の経時的な推移曲線の下の面積であり，Y の重み付き平均に相当する．5) は処置を遵守した期間の最後の時点における Y の改善値である．

2.5 本章のまとめ

本章では，欠測の発生を表す2値の確率変数 M を導入し，欠測データの統計解析の表記法と欠測パターンを整理した．欠測が生じるメカニズムに関して，Rubin による3種類のメカニズム（MCAR，MAR および MNAR）について解説した．MCAR は欠測が完全にランダムに生じるという仮定で，MAR は観察されたデータ Y_{obs} の条件付きで欠測がランダムに生じるというものである．つまり，観察されたデータ Y_{obs} で欠測したデータ Y_{mis} を説明できると考える．MCAR と MAR は混同しがちであるが，両者は明確に区別する必要がある．そして，MNAR は Y_{obs} を与えたとしても，データの欠測が欠測値 Y_{mis} 自体に依存して生じるというメカニズムである．つまり，Y_{mis} を Y_{obs} で説明できないことを意味し，解析モデルに欠測メカニズムを表す確率変数 M を組み込む必要が生じる．そして，推測対象や統計手法ごとに欠測を無視しても問題がない欠測のメカニズムを示した．多くの推測対象について，CC 解析の無視可能な欠測メカニズムは MCAR であり，尤度関数に基づく手法（あるいはベイズ理論に基づく手法）を用いる際は，MAR と MCAR が無視可能な欠測メカニズムである．つまり，欠測メカニズムが MAR であれば，欠測データ Y_{mis} を無視して観察されたデータ Y_{obs} のみに基づく尤度関数を最大化すればバイアスのないパラメータ推定が可能である．第3章では，CC 解析，AC 解析，単一値で欠測を補完する方法などの単純な欠測データの統計解析について解説し，各手法の問題点を整理する．

Chapter 3
単純な統計手法

本章ではまず，標準的な統計ソフトが行う単純な欠測データの解析法である complete-case 解析（CC 解析）と available-case 解析（AC 解析）を 3.1 節，3.3 節でそれぞれ要約し，3.2 節では CC 解析の重み付け法も紹介する．次に，欠測値を 1 つの値で補完する単一値補完法について 3.4 節で解説する．本章で紹介する手法は強い仮定を要するため不適切である場合が多いが，より複雑で妥当性の高い手法の基礎となるため理解が必要である．

3.1 complete-case 解析

これまでに述べてきたように，complete-case 解析（CC 解析）は，解析に含めるすべての変数が欠測していない被験者のみを解析に含める手法であり，データが不完全である被験者を解析から除外するサブグループ解析とみなせる．CC 解析では，不完全なデータを解析から除外することによる情報の損失（loss of information）が生じ，パラメータ推定における (1) バイアスおよび (2) 推定精度の低下が主な問題となる．1.4 節で述べたように推定におけるバイアスの方が推定精度の低下よりも深刻な問題である．まず推定のバイアスについてまとめる．

3.1.1 推定値のバイアス

まず，CC 解析のパラメータ推定におけるバイアスを考える．欠測データを用いたパラメータ推定におけるバイアスの大きさは第 2 章で述べた推測対象（estimand）ごとに異なるため，以下に，推測対象ごとに CC 解析のバイアスを要約する．

(1) Yの母平均

推測対象が Y の母平均 μ_Y である場合を考える．データが完全である集団の Y の母平均を $\mu_{Y,1}$，不完全である集団の Y の母平均を $\mu_{Y,0}$ とし，各集団の比率を π_1, $1-\pi_1$ とする．欠測メカニズムが MCAR であれば，$\mu_{Y,1}=\mu_{Y,0}=\mu_Y$ であるため CC 解析の推定値はバイアスをもたない．MCAR が成り立たなければ，バイアスは

$$\mu_{Y,1}-\mu_Y=\mu_{Y,1}-(\pi_1\mu_{Y,1}+(1-\pi_1)\mu_{Y,0})=(1-\pi_1)(\mu_{Y,1}-\mu_{Y,0}) \quad (3.1)$$

となる．バイアスの大きさは，欠測の比率とデータが完全である集団と不完全である集団の母平均の差 $\Delta=\mu_{Y,1}-\mu_{Y,0}$ で決まるため，実際問題では，Δ の値を変化させ解析結果の安定性を調べる解析が重要となる．このような感度分析は第 7 章で解説する．

(2) Y の X 上への回帰パラメータ

推測対象が Y の X 上への回帰パラメータである場合，2.4 節で述べたように，CC 解析に対して，Y の無視可能な欠測メカニズムは MCAR あるいは MAR である．一方，X は MNAR で欠測してもよい．それは，Y の X 上への回帰曲線はその性質上，X を与えた（固定した）ときの Y の条件付き期待値であるため，X の分布の変化は回帰パラメータの推定値に影響を与えないからである（Glynn and Laird, 1986）．そして，X を与えたときに Y がランダムに欠測すれば（つまり，MAR）回帰係数の推定量はバイアスをもたない．ただし，第 4 章で述べるように，回帰係数の推定精度に関しては影響が生じ得るので注意が必要である．

(3) オッズ比・相対リスク

第 1 章で述べたように，研究の結果変数がイベントである場合も多い．医学研究では，死亡や疾患の治癒などの 2 値のイベントデータ Y（0：イベントなし，1：イベントあり）を処置群 Z（0：対照群，1：処置群）の間で比較するような研究では，表 3.1 のような分割表の形でデータが得られる．この表は，

表 3.1 分割表データ

	$Y=1$	$Y=0$	計
$Z=1$	a	b	$a+b$
$Z=0$	c	d	$c+d$
計	$a+c$	$b+d$	n

Z と Y が共に欠測していない CC 解析のデータを要約したものと考えることができる．

このとき，Z と Y の関連性は，以下に定義するオッズ比（odds ratio, OR）や相対リスク（relative risk, RR）のような指標で評価される．

$$OR = \frac{P(Y=1|Z=1)/P(Y=0|Z=1)}{P(Y=1|Z=0)/P(Y=0|Z=0)} = \frac{a/b}{c/d} = \frac{ad}{bc}$$

$$RR = \frac{P(Y=1|Z=1)}{P(Y=1|Z=0)} = \frac{a/(a+b)}{c/(c+d)}$$

結果変数が 2 値データの場合も，推測対象によって，無視可能な欠測メカニズムの条件が異なる．推測対象がオッズ比の場合，表 3.1 の n 個の CC 解析データを得る前の N 個のデータにおける欠測確率 $P(M=1)$ を対数変換したものが，Y と Z を因子とする線形モデル（交互作用なし）で表現できることが CC 解析に対して欠測が無視可能となる条件である．つまり，

$$\frac{P(M=1|Y=1,Z=1)}{P(M=1|Y=0,Z=1)} = \frac{P(M=1|Y=1,Z=0)}{P(M=1|Y=0,Z=0)}$$

が成り立つことが，無視可能性の条件である（Kleinbaum et al, 1981）．一方，推測対象が相対リスクの場合，オッズ比のような対称性（表の行と列を入れ替えても指標の値が不変である性質）をもたないため，欠測が無視可能であるためには，より厳しい条件である MCAR が必要となる．

(4) 生存時間・ハザード

第 1 章で述べたように，Y が生存時間データである場合，追跡不能となった被験者は打ち切りとして解析に含めることができるため，基本的にすべての被験者を解析に含めることができる．ただし，共変量 X が欠測している被験者は解析から除外されるが，Cox 回帰（比例ハザードモデル）のような回帰分析では前述のように X を与えた下での結果変数（Cox 回帰では対数ハザード関数）の条件付き分布を考えるため，共変量の欠測が生存時間と関係していなければ，推測に影響はない．なお，通常の生存時間データの解析手法では，研究途中の打ち切りは，処置群およびイベント発生と関係せずランダムに発生することも必要とする．

3.1.2 推定精度

簡単のために，図 3.1 の 2 変量 (X, Y) で Y のみに欠測が生じる単調な欠測パターンの問題を考える．ここでは，n 人の被験者のうち，r 人は変数 X と Y の両方が観察され，$n-r$ 人は X のみが観察され Y は欠測している．1.5.4 項の例では，X が BMI，Y が腹囲であった．

仮にデータに欠測がなければ，Y の標本平均 $\bar{Y}_{All}$ の分散は，Y の分散を σ^2 とすると，

$$V[\bar{Y}_{All}] = \frac{\sigma^2}{n} \tag{3.2}$$

となり，CC 解析から得た標本平均 $\bar{Y}_{CC}$ の分散は，

$$V[\bar{Y}_{CC}] = \frac{\sigma^2}{r} \tag{3.3}$$

であるため，CC 解析の推定量 $\bar{Y}_{CC}$ の完全データの推定量 $\bar{Y}_{All}$ に対するバラツキの増加は推定量の分散比

$$\frac{V[\bar{Y}_{CC}]}{V[\bar{Y}_{All}]} = \frac{n}{r} \tag{3.4}$$

で評価できる．つまり，CC 解析の分散は Y が観察された比率の逆数倍となる．例えば，Y の 50% が欠測していれば，CC 解析の推定量の分散はデータに欠測がない場合に比べ 2 倍となる．

次に，$n-r$ 人の被験者の不完全なデータも使用して Y の平均を推定する最尤推定量（MLE）の分散を，CC 解析の標本平均の分散と比べる．第 2 章で述べたように観察されたデータ Y_{obs} のみに基づく最尤法の無視可能な欠測メカニズムは MAR であるため，欠測メカニズムが MCAR または MAR であれば

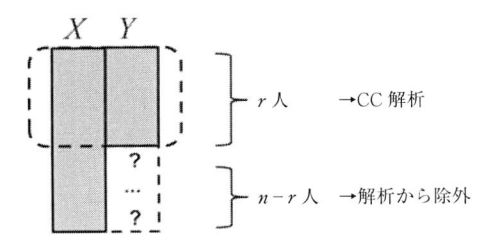

図 3.1 complete-case 解析の例題

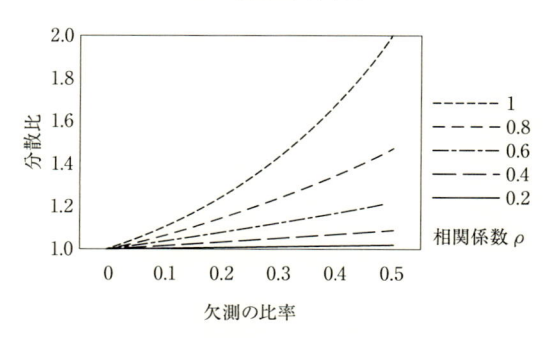

図 3.2 CC 解析と最尤推定量の分散比

最尤法は妥当性をもつ．仮に，欠測メカニズムが MCAR だとすると，Y_{obs} のみを使用した尤度関数に基づく Y の平均の最尤推定量の近似的な漸近分散は，やや計算を要するが，

$$V[\bar{Y}_{MLE}] \approx \frac{\sigma^2}{r}\left(1-\rho^2\frac{n-r}{n}\right) \tag{3.5}$$

となる（詳細は 4.3 節を参照）．よって，CC 解析の推定量の MLE に対する分散比は，

$$\frac{V[\bar{Y}_{CC}]}{V[\bar{Y}_{MLE}]} = \frac{n}{n(1-\rho^2)+r\rho^2} \tag{3.6}$$

となる．(3.6) における分散比，相関係数 ρ および欠測の比率の関係を図 3.2 に示す．

MLE では，$n-r$ 人の被験者の X の情報も解析に使用するが，$\rho=0$ であれば X は Y に関する情報をまったくもたないため最尤推定を行っても推定精度は CC 解析から改善しない．しかし，ρ が増加すると共に MLE の推定精度が向上し，$\rho=1$ であれば X は Y に関するすべての情報をもつため，最尤推定は Y に欠測がない完全データの場合と等しい推定精度をもつことがわかる．

3.2 重み付け解析

推測対象となるパラメータによるが，基本的に CC 解析は MCAR という強い条件を要するため，例えば，MAR のようなより現実的な条件の下でもバイ

3.2 重み付け解析

アスのない手法が求められる．重み付け解析（weighting methods）は，何らかの重み（weight）を用いCC解析のバイアスを補正する手法で，MARの下でも適切な手法となり得る．

欠測データの統計解析における重み付け解析の特徴は，重みWを与えれば，同じ$W=w$をもつ被験者の中で欠測が完全にランダムに生じるというような重みを用いる点にある．つまり，Wを与えれば，MCARが成り立つため，例えば同じ重みをもつ被験者グループの中ではCC解析がバイアスをもたない．よく使用される重みは，各被験者の共変量Xを与えた下でYが観察される確率（ここでは，データの観察に関する傾向スコア（propensity score）と呼ぶ）の逆数である．理論的に，データの観察に関する傾向スコアを与えれば欠測の発生はランダムとみなせるため（詳細はAppendix Aを参照），解析は，

1) データの観察に関する傾向スコアで作成した5〜6個の層を用いた層別解析
2) 被験者個々をデータの観察に関する傾向スコアの逆数で重み付けする解析

の2つが一般的である．本節では，重みを用いた層別解析の一般論のみを紹介する．

3.2.1 重みを用いた層別解析

重み付け解析の原理は，標本抽出の理論（sampling theory），特に有限母集団調査の理論に基づく．標本抽出の理論はCochran（1977）に詳しい．次の2条件を満たす標本抽出法を確率サンプリング（probability sampling）と呼ぶ．

ⅰ）被験者の抽出確率π_iは結果変数に依存せずデザイン変数のみに依存する
ⅱ）被験者の抽出確率π_iは0より大きい（0でない）

ここで，デザイン変数は層別因子など研究デザインで使用する変数である．特に，無作為抽出（random sampling）は，すべての被験者に対してπ_iが一定な確率サンプリングである．このとき，逆確率重み付け法（inverse probability weighting, IPW）と呼ばれる，抽出確率の逆数を重みとする重み付け解析を用いて，不均一な抽出確率によるバイアスを補正する方法を考える．以下に例を示す．

3.2.2 例題：重み付け解析

例題 3.1　ある有限母集団（$N=40$）の中にそれぞれ10名の被験者で構成される4つのグループがあり，抽出確率がそれぞれ，$\pi_1=0.4$, $\pi_2=0.3$, $\pi_3=0.2$, $\pi_4=0.1$ であるとする．そして，各グループ内の結果変数 Y の真値は，それぞれ $\mu_1=10$, $\mu_2=20$, $\mu_3=30$, $\mu_4=40$ とする．つまり，有限母集団全体の真の平均 μ は25である．ここでは，抽出確率が同じグループの中では各被験者はランダムに抽出されると考えられる．以上の設定で，得られた標本を用いて母集団の Y の平均を不偏推定する方法を考える．

図3.3に，(a) 有限母集団における結果変数 Y の分布と，(b) 抽出確率で重み付けた有限母集団の分布を示す．得られるデータは，(b) からの無作為標本と考えることができる．

そして，上の有限母集団から合計10名の被験者をランダムに抽出し，各グループからそれぞれ4, 3, 2, 1名の結果変数 Y の値を得たとき，Y の単純な標本平均は20でありバイアスをもつ．バイアスのない推定を行うためには，上記の抽出確率を考慮する必要がある．例えばグループ4から1名の被験者が選択された場合，抽出確率 $\pi_4=0.1$ であるため，その逆数である $\pi_4^{-1}=10$ 名の集団からランダムに選択されたと考えられる．つまり，グループ4から選択された1名の被験者は大きさ $N_j=10$ の集団を代表すべきである．同様にグループ1～3の各被験者はそれぞれ2.5, 3.33, 5人の集団を代表すると考えられ

(a) 有限母集団の Y の分布　　(b) 抽出確率で重み付けた Y の分布

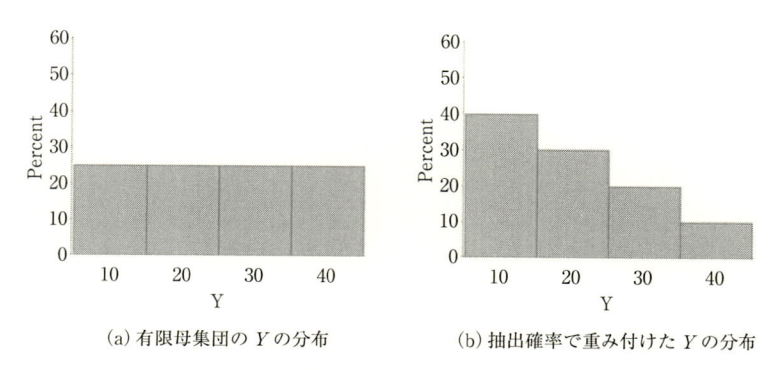

図3.3　抽出確率で重み付けた有限母集団の分布

る．更に，重み付け推定量を不偏推定量とするため，重みの和を1とすると，グループ4の被験者の重みは，

$$w_4 = \frac{\pi_4^{-1}}{4\pi_1^{-1} + 3\pi_2^{-1} + 2\pi_3^{-1} + \pi_4^{-1}} = \frac{10}{40} = 0.25$$

と計算される．他のグループについても同様に重みを計算し，重み付き平均 $\bar{Y}_{WT}$ を計算すると，

$$\bar{Y}_{WT} = 4 \times 10 \times 0.0625 + 3 \times 20 \times 0.0833 + \cdots + 1 \times 40 \times 0.25 = 25$$

となり不偏推定値を得る．つまり，仮に各被験者の抽出確率が既知であれば，その逆数に比例した重みを用いて不偏推定量を計算できる．

上記の例題を一般化すると，N 人の有限母集団から，n 人の被験者を確率抽出するとき，被験者 i の結果変数が y_i で，その抽出確率を π_i とすると，抽出確率の逆数で重み付けた標本合計の推定量

$$t_{HT} = \sum_{i=1}^{n} \pi_i^{-1} Y_i \tag{3.7}$$

を Horvitz-Thompson 推定量（Horvitz and Thompson, 1952）と呼び，その平均の不偏推定量は，

$$\bar{y}_w = \sum_{i=1}^{n} w_i Y_i \tag{3.8}$$

で表現される．ここで，$w_i = \pi_i^{-1} / \sum_{j}^{n} \pi_j^{-1}$ である．また，重み付き平均の分散は有限母集団からの抽出であることを考慮すると，やや複雑であるが，

$$V[\bar{y}_w] = \sum_{j=1}^{J} \frac{N_j^2}{N^2} \frac{N_j - n_j}{N_j - 1} \frac{s_j^2}{n_j} \tag{3.9}$$

となる．一方，ここでは標本の抽出確率を用いた重み付け推定量について解説したが，抽出確率をデータが観察される（欠測しない）確率と読み替えれば，欠測データの解析に重み付け推定量を導入できる．

ちなみに，重み付け解析法は，一般にパラメータ推定量の標準誤差の導出が単純でない点が短所である．複雑なデザイン（クラスターや層別デザインなど）に対応する統計ソフトもあるが，重みを定数あるいは既知のものとして扱うものが大半である．正しくは，jackknife 法（Efron and Tibshirani, 1993）による補正を適用し，推定した重みの不確実性を加味する手法が適切である．一般に重み付け法は，共変量の情報が限られていて被験者数が多いデータの解析に適している．

3.3 available-case 解析

CC 解析とその重み付け法は，多変量解析で共変量の数が多い場合などに，解析から除外される被験者数が多くなり推定の効率が低下する．例えば，10個の変数に独立に3%の確率で欠測が生じる場合，約26%（$=1-0.97^{10}$）の被験者がCC解析から除外される．available-case 解析（AC解析）はCC解析の利点である簡便さを残し，かつ効率の低下を防ぐために可能な限り多くの情報を解析に使用する手法である．pairwise deletion（あるいは pairwise available-case 解析）とも呼ばれる．しかし，推測の対象であるパラメータごとに使用される標本集団が異なるという大きな欠点をもち，後述するようにむしろCC解析よりも不適切な場合があるため注意が必要である．

欠測メカニズムがMCARの下では，一変量の周辺分布に関するパラメータ（例えば，平均や分散）が推測対象であればAC解析はバイアスをもたないが，推測対象が2変数の関連性に関するパラメータ（例えば，共分散や相関係数）であれば，推定値を求める際にバイアス補正が必要となる．これは，MCARの下ではCC解析は共分散の推定に補正が不要である点と異なる．以下に，AC解析の相関係数の推定量をいくつか示す．(3.10) の推定量は，共分散と標準偏差をすべて同じ標本から計算するものである．

$$r_{jk}^{(1)} = \frac{s_{jk}^{(jk)}}{s_j^{(jk)} s_k^{(jk)}} \tag{3.10}$$

ここで，$s_{jk}^{(jk)}, s_j^{(jk)}, s_k^{(jk)}$ は j 番目および k 番目の変数が共に欠測していない集団のデータから推定する，標本共分散，j 番目の変数の標本標準偏差，k 番目の変数の標本標準偏差である．一方，(3.11) の推定量は，共分散と標準偏差の推定ごとに使用する変数のデータが得られている標本をすべて用いる．

$$r_{jk}^{(2)} = \frac{s_{jk}^{(jk)}}{s_j^{(j)} s_k^{(k)}} \tag{3.11}$$

ここで，$s_j^{(j)}, s_k^{(k)}$ はそれぞれ対応する添え字の変数に欠測がない集団のデータから推定した標準偏差である．定義式から明らかなように，この推定量は相関係数の推定値が必ずしも $(-1, 1)$ の範囲に入らない．また，前者は推定値が $(-1, 1)$ の範囲に入るため好ましいように思われるが，3変数以上の場合に，

変数間の分散共分散行列が正値定符号行列（positive definite matrix）とならない場合があるという大きな問題をもつ．なお，正値定符号行列とは，その固有値がすべて正である行列のことである．これは重回帰分析で必要な条件であり，条件を満たさない場合には補正が必要となる．

例題 3.2 **AC 解析** 相関行列が正値定符号行列とならない例として，Little and Rubin (2002) と同様の次の 3 変数 $Y=(Y_1, Y_2, Y_3)$ のデータ行列を考える．

$$Y = \begin{pmatrix} 1 & 1 & ? \\ 2 & 2 & ? \\ 3 & 3 & ? \\ ? & 1 & 1 \\ ? & 2 & 2 \\ ? & 3 & 3 \\ 1 & ? & 3 \\ 2 & ? & 2 \\ 3 & ? & 1 \end{pmatrix}$$

このデータの (3.10) の AC 解析に基づく相関行列は，

$$R = \begin{pmatrix} 1 & 1 & -1 \\ 1 & 1 & 1 \\ -1 & 1 & 1 \end{pmatrix}$$

となる．相関係数 r_{12} と r_{23} が共に正であるのに，r_{13} が負であり，論理的な整合性がない．これは前述のように，各共分散の推定に異なる標本を使用する点が理由であり，相関行列が正値定符号性をもたないことがわかる．

推定量の効率に関しては，MCAR の下では，Kim and Curry (1977) は変数間の相関が中程度であれば AC 解析は CC 解析よりも効率がよいことをシミュレーションで示したが，Haitovsky (1968) や Azen and van Guilder (1981) は変数間の相関が高い場合に，AC 解析は CC 解析よりも効率が低くなり得ることを示した．推定量のバイアスに関しては，上述のように MCAR の下でさえも，AC 解析はバイアスをもち得る．

3.4 単一値補完法

本章の最後に，欠測値に対して何らかの値を補完する方法について解説する．欠測値への値の補完法は，補完さえすれば通常の統計ソフトを用いてすべての被験者の情報を解析に含めることができるという利点をもつが，補完の仕方により結果がバイアスをもつ場合や，CC解析よりもむしろ効率が落ちる場合もあるため注意が必要である．ここでは，欠測値に1つの値のみを補完する単一値補完法（single imputation）をとりあげる．単一値補完法は，欠測に補完した値を観察された値とみなし他の実際に観察された値と同様に解析に用いるため，補完に伴う不確実性を加味しておらず推定値の精度を過大評価することが知られている．

例えば，図3.4の白丸の点は，Yの欠測値にその事後予測分布からのランダム抽出値を補完したデータである．白丸のデータは観察されたYの値をもたないため，XとYが実際に観察されている他の黒丸のデータと区別する必要がある．つまり，図中の白丸の点のYはあくまでも補完された値であり，補完に伴う不確実性（バラツキ）をもつ点を解析に反映させる必要がある．

このため，次章でとりあげる欠測値に複数の値を補完する多重補完法（Rubin, 1987）がより妥当な統計手法であるが，その理論を理解するために単一値補完法を理解しておくと便利である．以下にモデルに基づく単一値補完法から解説する．

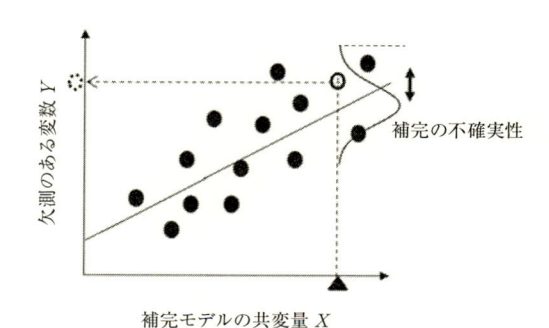

図3.4 単一値補完法における補完の不確実性

表 3.2　単一値補完法の種類

補完法		X の情報を利用	$\hat{Y}$ の変動を考慮
方法 1	Y の平均値	×	×
方法 2	Y の平均値+誤差	×	○
方法 3	回帰の予測値	○	×
方法 4	回帰の予測値+誤差	○	○

3.4.1　モデルベースな補完法

数値例として，図 3.1 の例を再考する．r 人の被験者は X と Y が共に観察され，$n-r$ 人は X のみが観察されている．Y が欠測するメカニズムは MCAR とする．このとき，表 3.2 の 4 つの補完法を考える．

方法 1 は，X の情報を使用せず，すべての欠測値を CC 解析から推定した Y の標本平均 $\bar{y}_{cc}$ で補完し，方法 2 は Y の分布に正規分布を仮定し，$\bar{y}_{cc}+z_i$ で欠測値を補完する．ここで，z_i は $N(0, s_{Y,cc}^2)$ に従う乱数で，$s_{Y,cc}^2$ は CC 解析の Y の標本不偏分散である．方法 3 は Y の X 上への回帰分析から得た Y の条件付き期待値 $\hat{y}_{cc,i}=\hat{\alpha}+\hat{\beta}x_i$ で第 i 番目の被験者の欠測値を補完する．ここで，$\hat{\alpha}=\bar{y}_{cc}-\hat{\beta}\bar{x}_{cc}$，$\hat{\beta}=s_{XY,cc}/s_{X,cc}^2$ であり，$s_{X,cc}^2$ と $s_{XY,cc}$ は CC 解析の X の標本不偏分散および標本共分散である．方法 4 は $\hat{y}_{cc,i}+z_i$ で欠測値を補完する．ここで，z_i は $N(0, V[\hat{y}_{cc}])$ に従う乱数で，$V[\hat{y}_{cc}]=s_{Y,cc}^2(1-r_{cc}^2)$ である．なお，r_{cc} は CC 解析の X と Y の標本相関係数である．

例題 3.3　単一値補完法　図 3.1 のような例題で，X と Y が 2 変量正規分布 $N(\mu_1, \mu_2, \sigma_1^2, \sigma_2^2, \rho\sigma_1\sigma_2)$ に従い，MCAR で，Y のみ約 30% のデータが欠測している場合を考える．前述の 4 種類の単一値補完法（方法 1～方法 4）を用いて Y の欠測値に値を補完した結果を図 3.5 に示す．

Y の平均に関する推測については，4 種類の補完法（方法 1～方法 4）はいずれもバイアスをもたないが，Y の分散の推定に関しては，点推定値の補完法（方法 1 や方法 3）は分散を過小評価することがみてとれる．特に方法 1 は Y の補完値の分散が 0 である．一方，Y の X 上への回帰の傾きに関心がある場合，X に条件付けた補完（方法 3 と方法 4）はバイアスをもたないが，X に条件付けない平均値の補完（方法 1 と方法 2）は回帰係数が 0 になる方向へのバイアスをもつことがみてとれる．同様に，X の Y 上への回帰の傾きに関心

(方法1) 平均値

(方法2) 平均値+誤差

(方法3) 回帰の予測値

(方法4) 回帰の予測値+誤差

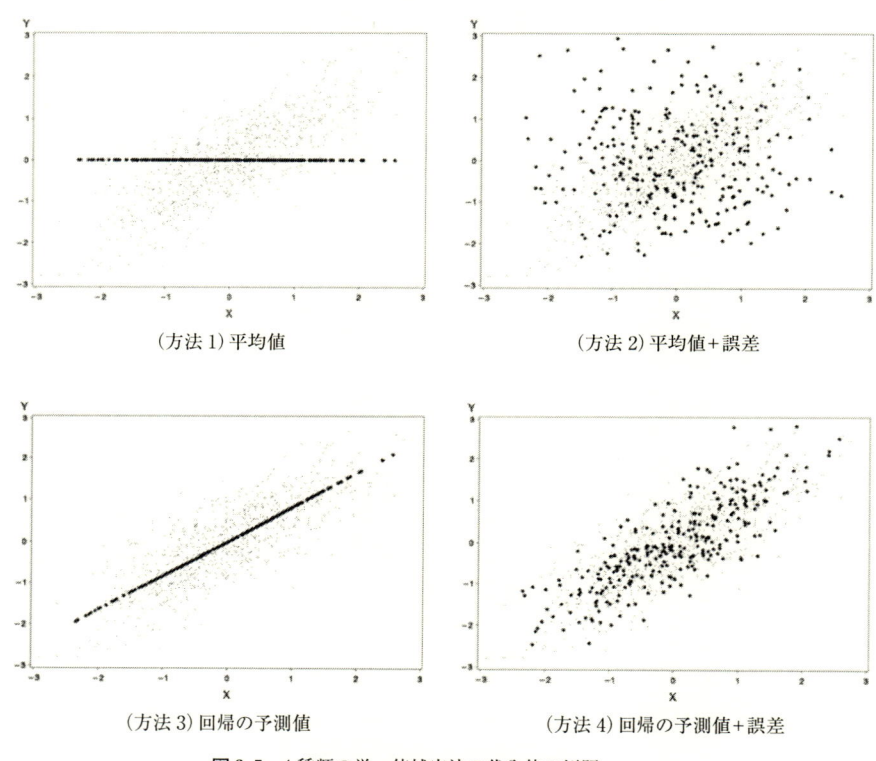

図 3.5 4 種類の単一値補完法の代入値の例題
（・：観察されたデータ，●：補完された値）

がある場合，Y に条件付けた X の回帰分析による補完がバイアスをもたない．これは，共変量 X に欠測がある場合は，MCAR の下でさえも，Y に条件付けない回帰に基づく補完は結果にバイアスをもたらすことを意味する．Little (1992) は，Y に条件付けず他の共変量で条件付けた X への補完は，CC 解析よりも効率が落ちる場合があると述べている．共変量の欠測への補完には注意が必要である（詳細は，第 5 章を参照）．この例題では，欠測の予測のための共変量の条件付きで補完の点推定値を計算し，点推定値に適切な誤差項を加えて補完値を作成する方法 4 が，2 変量の関係性を保持した補完値となっていることがわかる．4 種類の単一値補完法のバイアスの有無を表 3.3 に，バイアスの大きさを表 3.4 に要約する．ここで，λ は Y の欠測比率であり，例えば $\beta_{2\cdot1}$

表 3.3 4種類の単一値補完法の各パラメータ推定における特性

	Yの平均	Yの分散	YのX上への回帰係数	XのY上への回帰係数
方法1	○	×	×	○
方法2	○	○	×	×
方法3	○	×	○	×
方法4	○	○	○	○

(注) ○:バイアスなし, ×:バイアスあり

表 3.4 4種類の単一値補完法の各パラメータ推定のバイアス
(欠測メカニズム:MCAR)

	Yの平均	Yの分散	YのX上への回帰係数	XのY上への回帰係数
方法1	0	$-\lambda\sigma_2^2$	$-\lambda\beta_{2\cdot 1}$	0
方法2	0	0	$-\lambda\beta_{2\cdot 1}$	$-\lambda\beta_{1\cdot 2}$
方法3	0	$-\lambda(1-\rho^2)\sigma_2^2$	0	$\dfrac{\lambda(1-\rho^2)}{1-\lambda(1-\rho^2)}\beta_{1\cdot 2}$
方法4	0	0	0	0

はYのX上への回帰における傾きの回帰係数である.

3.4.2 ノンパラメトリックな補完法

前述の4つの補完法は,欠測値への何らかの補完モデルを考え,欠測値を予測値で置き換えるものであるため,正しい結果を得るためには,補完モデルが正しいこと(例えば,XとYの関係が直線関係であること)を必要とする.このため,明らかな補完モデルを想定せずにノンパラメトリックに値を補完する方法は頑健性が高い.ここでは,そのようなノンパラメトリックな欠測値への補完法として,2つの手法(hot deck 法および nearest neighbor hot deck 法)について解説する.

(1) hot deck 法

hot deck 法は,官庁統計の調査などで広く使用される手法で,各欠測値に他の被験者で実際に観察された値を補完するものである.$n-r$人の被験者のYの欠測値にr人のデータが完全である被験者の実際に観察されたYの値を補完するものや,欠測メカニズムが MAR となるように層別化し,その層の中

で欠測値への補完を行う方法がある．また，補完する値をもつ被験者の選択は，復元抽出で行う場合と非復元抽出で行う場合がある．同一研究から被験者を選択するのではなく，外部の研究データから代入値を選択する方法を，hot deck 法との対比で，cold deck 法と呼ぶ．

(2) nearest neighbor hot deck 法

次のノンパラメトリック補完法は，各被験者間の何らかの多変量距離を定義し，最も距離が近い被験者（nearest neighbor）の実際に観察された値を欠測値に補完するものである．共変量ベクトル x で計算されるこの種の多変量距離は，観察研究（特にケースコントロール研究）におけるマッチングや距離の近い集団をグループ化する統計手法であるクラスター分析など様々な領域で使用される．主な距離の尺度を以下に示す．ユークリッド距離は多次元空間内の2本のベクトル間のノルム距離（例えば，被験者 j と k の共変量の n 次元ベクトル $\boldsymbol{x}_j, \boldsymbol{x}_k$ の間のノルム距離）であり，マハラノビスの距離はノルム距離を共変量の分散共分散行列 $\boldsymbol{\Sigma}_x$ の逆数で重み付けたものである．傾向スコアは共変量ベクトルをスカラーの変数に要約したものであり，その logit 変換したものの差で距離を測ることも多い（傾向スコアの詳細は Appendix A を参照）．

多変量ベクトル間の距離の指標

- ユークリッド距離（Euclidean distance）　：$d(j, k) = \sqrt{(\boldsymbol{x}_j - \boldsymbol{x}_k)^T (\boldsymbol{x}_j - \boldsymbol{x}_k)}$
- マハラノビスの距離（Mahalanobis distance）　：$d(j, k) = \sqrt{(\boldsymbol{x}_j - \boldsymbol{x}_k)^T \boldsymbol{\Sigma}_X^{-1} (\boldsymbol{x}_j - \boldsymbol{x}_k)}$
- 市街地距離（city block distance）　：$d(j, k) = \sum_i^n |x_{ij} - x_{ik}|$
- 最大の逸脱（maximum deviation）　：$d(j, k) = \max_i |x_{ij} - x_{ik}|$
- 結果変数の予測値（predictive mean）　：$d(j, k) = (\hat{y}_j - \hat{y}_k)^2$
- 傾向スコア（propensity score）　：$d(j, k) = (\hat{e}_j - \hat{e}_k)^2$

そして，計算された被験者 j と被験者 k の間の距離 $d(j, k)$ に基づき欠測値への補完に使用する被験者（あるいはその候補）を選択する．距離の許容値 d_c（caliper と呼ぶこともある）を定めておき，$d(j, k) < d_c$ である被験者から無作為に被験者を選択する方法や，距離が最も近い m 名の被験者を候補集団としてその中から無作為に選択する方法などがある．これらは，いわゆる観察研究

におけるマッチングの方法と同様である．より具体的な手順は，第5章の多重補完法の補完モデルの1つである予測平均マッチング法（predictive mean matching, PMM）などを参照されたい．

3.4.3 経時測定データへの補完法

最後に，医学研究などでよく使用される LOCF（last observation carried forward）（Pocock, 1983）について解説する．LOCF 法は，経時的にデータを測定する研究で被験者が研究途中に脱落しその後のデータが欠測するような場合に使われる欠測値への単一値補完法である．LOCF はこれまで広く使用されてきたが，その根拠は LOCF 法が処置効果の統計的推測において保守的な推定あるいは検定結果を与えると考えられてきた点である．しかし，実際には LOCF は処置効果の推測において必ずしも保守的な結果を与えないことが様々な研究で示されている（例：Kenward and Molenberghs, 2009）．このため，前述の臨床試験の欠測データの取扱いに関するガイドライン（National Research Council, 2010）では，LOCF 法を主解析で使用すべきでないと明言している．

LOCF 法について図 3.6 の模式図を用いて考える．LOCF 法は脱落後の結果変数の値が一定であることを想定するものであるが，一般にそれを検証することは不可能であり，脱落時に結果変数が定常状態に達していなければ補完値はバイアスをもつ．また，脱落時の値と最終時点の真の値の大小関係は未知であるため，LOCF 法が推定値に及ぼすバイアスの方向を特定できないという大きな問題を抱える（Molenberghs and Kenward, 2007）．LOCF と類似する方法として，BOCF（baseline observation carried forward）もあるが同様の

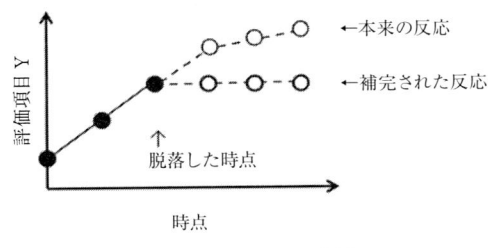

図 3.6 LOCF の概念図

欠点をもつ．

更に，推定値のバイアスに加え，単一値補完法であるために欠測値への補完に伴う不確実性を考慮せず，推定値の精度を過大評価するという問題点ももつ．これは，処置効果に関する推定や検定において，第一種の過誤の確率 α の増大を招く．

3.4.4 単一値補完法のまとめ

本節では，欠測値に明示的に1つの値を補完する単一値補完法を解説した．値の補完に関しては，データが欠測している変数と相関する共変量の条件付きで欠測値の予測を行い，予測値に誤差項を加えたものを補完することが多くの場合で好ましい．また，推測対象であるパラメータごとに各補完法がもつバイアスの大きさと方向が異なることが示された．

一方，共変量の欠測への補完に際しては，欠測メカニズムが MCAR の下でも，結果変数で条件付けた補完（共変量 X の欠測への補完モデルの共変量に Y を含めること）が適切であることが示唆された．更に Little and Rubin (2002) は，多変量の変数間の関係を損なわないために，欠測への補完は多変量で行うことが重要であると述べている．欠測値の予測に有用な共変量が複数ある場合は，その同時モデルで補完を行うべきである．

以下に，欠測値への補完の留意点をまとめる．

> 1) 欠測を予測し得る共変量の条件付きで行う
> 2) 欠測値の予測値にデータの変動を表す誤差項を付して補完する
> 3) 多変量解析モデルで欠測値への補完を行う

ただし，これらの指針はパラメータの不偏推定量を求める際の指針である．単一値補完法は，値を補完された欠測値を他の実際に値が観察された測定値と同様に扱うため，冒頭で述べたように欠測値への補完に伴う不確実性を考慮しない．このため，推定値の推定精度を過大評価するため，統計的推測は不適切であるが，パラメータ推定のバイアスの大きさと方向を定量化するために上記の知見は重要である．推定精度の過大評価を防ぐための方法については，第5章で紹介するベイズ理論に基づく多重補完法が必要となる．

3.5 本章のまとめ

　本章ではまず，欠測データの統計解析で最も単純かつある意味で基本となる方法として CC 解析のバイアスと効率について論じた．推測対象にもよるが，結果変数 Y の周辺平均を推測対象とする際は，CC 解析の無視可能な欠測メカニズムは MCAR である．そして，もう少し緩い仮定の下でも妥当性をもつ手法として，CC 解析の重み付け解析を紹介した．適切な重み付け解析は，MAR の下でも妥当性をもち仮定の少ない手法であり，被験者数が多く重みの推定値が安定性をもつ場合は，有用な手法である（詳細は第 6 章を参照）．AC 解析は，可能な限り多くの情報を解析に用いるという概念の下で考えられた手法であるが，各指標の推定に異なる標本集団を用いるため，欠測のパターンによっては深刻なバイアスや効率の低下が生じ得る．

　最後に，欠測値への単一値補完法について解説した．まず四つの基本的な補完法を用いて，推測対象ごとにバイアスの方向と大きさを明らかにした．一般に，パラメータを不偏推定するためには，共変量（有益な共変量が複数ある場合は，多変量の共変量）の条件付きで欠測値に対する予測値の点推定値を計算し，データの分布のバラツキを歪めないために，点推定値に誤差項を加えた補完値を用いるべき点を強調した．ただし，医学でよく使用される LOCF 法も含め，単一値補完法は欠測値への補完に伴う不確実性を考慮しないため，パラメータの推定精度を過大評価する．パラメータに関する検定や推定を正しく行うためには，第 5 章で解説するベイズ理論に基づく多重補完法が必要となる．

Chapter 4
尤度に基づく統計解析

　本章では，尤度に基づく欠測データの統計解析を要約する．4.1 節と 4.2 節では，最尤法とベイズ理論に基づく手法は本質的に等しく，欠測メカニズムが MAR あるいは MCAR であれば，欠測データを無視した尤度に基づく手法が妥当性をもつことを述べる．4.3 節と 4.4 節では，欠測パターンが単調および非単調の場合の最尤法を紹介し，非単調な場合に使用できる EM アルゴリズムを概説する．4.5 節では，打ち切りがある場合の最尤法を紹介する．

4.1 最尤推定法

　最尤推定法（maximum likelihood estimation）は，尤度（ゆうど）（likelihood）と呼ばれるパラメータの尤（もっと）もらしさを表す関数を考え，それを最大化するようなパラメータの推定値を求める方法である．分散分析を考案したのが RA フィッシャーであることは有名であるが，統計学の中で中心的な役割を果たす尤度を導入したのも RA フィッシャーである．実際のデータ解析でも，最尤推定法（最尤法と呼ぶことが多い）は最小二乗法と並び，多くの場面に適用される．反応変数が 2 値の場合のロジスティック回帰分析，生存時間分析で繁用される Cox 回帰分析，第 6 章で解説する反復測定データに対する線形混合効果モデルなどで使用される．最尤法は，最小二乗法がうまく機能しないような確率分布（例えば，二項分布）に対しても適用可能な柔軟性の高い方法であり，データ数 n が多いときに様々なよい性能をもつ．本節では，欠測データに対する最尤法の話をする前に，まずデータに欠測値がない場合の通常の最尤法について概説する．本節は欠測データの解析に特化した話でなく統計学の一般論であるため，内容が不要な読者は次節以降に進んで頂きたい．最尤法（および推定全般）の詳細については，Cox and Hinkley（1974）あるいは竹内（1963）な

どを参照されたい.

4.1.1 最尤法の定式化

まず,欠測値のない完全データを用いた通常の最尤推定法を解説する.連続型のデータ $Y_1, Y_2, \ldots, Y_n$ が互いに独立に同一の確率密度関数 $f(y_i|\theta)$ をもつ確率分布に従うとする.ここで,θ はデータの確率分布を規定する未知パラメータである.なお,離散型データの場合も同様に定式化できるため,ここでは連続型データの場合のみ示す.確率密度関数は θ を与えたときにデータ Y の生じやすさを表し,n 個のデータが独立な場合は,同時確率密度関数は $f(y|\theta) = \prod_{i=1}^{n} f(y_i|\theta)$ となる.このとき,尤度関数(likelihood function)

$$L(\theta|\boldsymbol{y}) = f(\boldsymbol{y}|\theta) \tag{4.1}$$

は,同時確率密度関数を,データ $\boldsymbol{y}$ を与えたときのパラメータ θ の関数とみたものと定義される.なお,尤度関数に定数を掛けてもパラメータ推定に影響はないため,$L(\theta|\boldsymbol{y}) \propto f(\boldsymbol{y}|\theta)$ でよい.確率密度関数と尤度関数は同じものにみえるが,前者は $\boldsymbol{y}$ の関数であり後者は θ の関数である点が異なる.確率密度関数はパラメータを与えたときのデータの生じやすさを表すが,尤度関数はデータを与えたときのパラメータの尤もらしさを表すと考えられる.このため,最尤法ではパラメータ空間 Ω_θ の中で尤度関数を最大化するパラメータを最尤推定量(maximum likelihood estimator)とする.その頭文字をとってMLE と略すことも多く,1.1 節で紹介した最小二乗推定量(least squares estimator, LSE)と対比されることも多い.ちなみに,データに欠測値がなく確率分布が多変量正規分布のときは,母平均および回帰パラメータに関してMLE と LSE は等しい(4.1 節の例題 4.4 を参照).しかし,データに欠測があるときは,MLE と LSE が妥当性をもつためには,それぞれ欠測メカニズムに MAR と MCAR を必要とする点で大きな違いがある.つまり,最尤法は最小二乗法と比べ,より緩い仮定の下で妥当性をもつ.ただし,MLE は一般に大標本でよい性質をもつもので,小標本ではよい性質が保証されない.

実際の最尤推定では,尤度関数が確率密度関数の積で表現されるため,数学的な扱いやすさから,尤度関数の自然対数をとった対数尤度関数(log likelihood function)

$$l(\theta|\boldsymbol{y}) = \log L(\theta|\boldsymbol{y}) \tag{4.2}$$

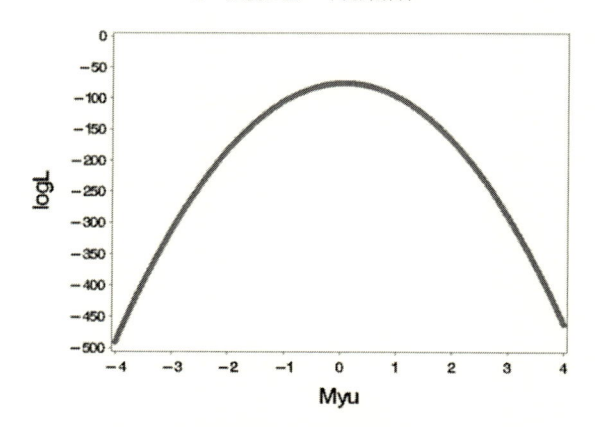

図 4.1 対数尤度関数の例（正規分布で分散が既知の場合）

を用いる．対数関数は単調増加関数であるため，対数尤度関数を最大化すれば尤度関数も最大化される．以下に，あるデータ（$n=50$，標本平均$=0.07$，標本標準偏差$=1.10$）に正規分布（分散既知 $\sigma^2=1$）を当てはめた場合の平均パラメータ μ に関する対数尤度関数を例示する．最尤推定では，図 4.1 の対数尤度関数の山の頂上におけるパラメータの値（この例では $\mu=0.07$）を最尤推定値とする．尤度関数が微分可能であるという条件の下，対数尤度を偏微分した関数を有効スコア関数（efficient score function）$U(\theta)$ と定義する．有効スコア関数は単にスコア関数と呼ぶことも多い．スコア関数は対数尤度の傾きを意味するため，スコア関数を 0 とおいた尤度方程式

$$U(\theta) = \frac{\partial l(\theta|\boldsymbol{y})}{\partial \theta} = 0 \tag{4.3}$$

をパラメータに関して解くことにより最尤推定値を求める．いくつかの条件（対数尤度関数が上に凸であるなど）の下，尤度方程式の解が尤度関数を最大化する．最尤法で重要な意味をもつスコア関数の期待値と分散は，

$$E[U(\theta)] = 0 \tag{4.4}$$

$$V[U(\theta)] = E\left[\left(\frac{\partial l(\theta|Y)}{\partial \theta}\right)^2\right] = -E\left[\frac{\partial^2 l(\theta|Y)}{\partial \theta^2}\right] \tag{4.5}$$

となる．スコア関数の分散 (4.5) は，後述するように最尤推定量の分散と関係するため，特に重要であり，

4.1 最尤推定法

$$I_n(\theta|Y) = V[U(\theta)] \qquad (4.6)$$

とおき，フィッシャー情報量（Fisher information）と呼ぶ．対数尤度関数の2階微分は対数尤度関数の曲率を表し，推定量の精度と関連する．尤度はひと山型であることが多いため，対数尤度の2階微分で $I_n(\theta|Y)$ を計算する場合，マイナスの符号がつく．また，1つのデータに基づくフィッシャー情報量を I_n と区別して，

$$I_1(\theta|Y) = E\left[\left(\frac{\partial l(\theta|Y_i)}{\partial \theta}\right)^2\right] \qquad (4.7)$$

とすると，各データに関する情報量は同一であるため，$I_n(\theta|Y) = nI_1(\theta|Y)$ となる．最後に，フィッシャー情報量の計算において，θ に関する期待値をとらない

$$-\frac{\partial^2 l(\theta|Y)}{\partial \theta^2} \qquad (4.8)$$

を観測フィッシャー情報量（observed Fisher information）と呼ぶ．データ数 n が大きいとき，大数の法則により観測フィッシャー情報量はフィッシャー情報量と等しいが，フィッシャー情報量よりも観測フィッシャー情報量の方がよい性質をもつという意見もある（Efron and Hinkley, 1978）．なお，パラメータ $\boldsymbol{\theta}$ が多次元ベクトルのときは，

$$I_n(\boldsymbol{\theta}|\boldsymbol{Y}) = \left\{-E\left[\frac{\partial^2 l(\boldsymbol{\theta}|\boldsymbol{Y})}{\partial \theta_i \partial \theta_j}\right]\right\} \qquad (4.9)$$

を第 (i,j) 要素とする行列をフィッシャー情報行列（Fisher information matrix）$I_n(\boldsymbol{\theta}|\boldsymbol{Y})$ と定義し，観測情報行列も同様に定義する．

4.1.2 最尤法の性質

MLE は，前述のように漸近的（n が大きいとき）に次のようなよい性質をもつ．以下に，MLE の主な性質をまとめる．例えば漸近正規性とは，n が大きいときに，$\hat{\theta}$ の標本分布が正規分布に近づくという性質である．

性質1 変換に対する不変性

パラメータ θ の MLE を $\hat{\theta}$ とすると，θ の1対1変換である $g(\theta)$ の MLE は $g(\hat{\theta})$ である．

つまり，パラメータに変換を施したものの MLE は，MLE にその変換を施し

て得られる．このような性質は，一般に不偏推定量では成り立たない．

性質 2　一致性と漸近正規性

　以下に述べる正則条件の下，データが独立に同一の確率分布に従うとき，MLE $\hat{\theta}$ は一致推定量であり，最良漸近正規推定量（best asymptotically normal estimator, BAN 推定量）である．そして，$\hat{\theta}$ の漸近的な標本分布は次のようになる．

$$\hat{\theta} \sim N\left(\theta, \frac{1}{I_n(\theta|Y)}\right) \tag{4.10}$$

つまり，MLE $\hat{\theta}$ は，n が大きければ，偏りをもたず，正規分布に従い分散が最小である（効率が高い）ことを意味する．なお，$\hat{\theta}$ が上記の性質をもつための正則条件（regularity conditions）は，(1) 対数尤度関数が 2 回以上微分可能であること，(2) 微分と積分の入れ替えが可能であること，(3) データの範囲がパラメータに依存しないことである．

性質 3　パラメータが多次元の場合の漸近的な性質

　パラメータが p 次元の場合も同様に，

$$\hat{\boldsymbol{\theta}} \sim N(\boldsymbol{\theta}, I_n^{-1}(\boldsymbol{\theta}|Y)) \tag{4.11}$$

のように，推定量は多変量正規分布に従う．そして，$\boldsymbol{\theta}$ に変換を施したスカラー $g(\boldsymbol{\theta})$ も次の漸近正規性をもつ．

$$g(\hat{\boldsymbol{\theta}}) \sim N(g(\boldsymbol{\theta}), D_g(\boldsymbol{\theta})I_n^{-1}(\boldsymbol{\theta}|Y)D_g(\boldsymbol{\theta})^T) \tag{4.12}$$

ここで，$D_g(\boldsymbol{\theta}) = \dfrac{\partial g(\boldsymbol{\theta})}{\partial \boldsymbol{\theta}}$ は $1 \times p$ の横ベクトルとする．

この性質は 4.3 節で示す欠測のパターンが単調な場合の MLE およびその標準誤差を求める際に有用となる．

　一方，最尤推定量 $\hat{\theta}$ とは別の推定量 $\bar{\theta}$ が漸近的に $N(\mu, \sigma_{\bar{\theta}}^2)$ に従うとき，$\bar{\theta}$ の $\hat{\theta}$ に対する漸近相対効率（asymptotic relative efficiency）を ARE $= 1/\sigma_{\bar{\theta}}^2 I_n(\theta)$ のように定義する．例えば，正規分布からの互いに独立なデータを得るとき，平均パラメータの推定量として，最尤推定量である標本平均（本節の例題 4.3 を参照）に対する標本中央値の漸近相対効率は，多少の計算を要するが，

$$\mathrm{ARE} = \frac{\sigma^2/n}{(\pi/2) \cdot (\sigma^2/n)} = \frac{2}{\pi} \approx 0.64$$

となる．つまり，標本平均は中央値と比べ，分散が約 2/3 である．

最後に，MLE がうまく機能しない場合を以下に要約する．このような状況下では何らかの方策が必要となる．

MLE が機能しない状況

1) モデルが悪く，n を増やしてもパラメータの情報が増えないとき
2) n を増やすと，パラメータ数も増加するとき
3) パラメータ空間の端で尤度が発散するとき（例：分散が 0 に近いとき）

以下に，いくつかの確率分布に対する最尤推定の例題を示す．

例題 4.1　二項分布　n 人の個体の中でイベントが発生した人数 Y がパラメータ (n, p) の二項分布に従うとする．つまり，$E[Y] = np$, $V[Y] = np(1-p)$ である．このとき，二項確率 p の最尤推定量 $\hat{p}$ を求める．p に関する尤度関数および対数尤度関数は，

$$L(p|y, n) = {}_nC_y p^y (1-p)^{n-y}$$
$$l(p|y, n) = \log {}_nC_y + y \log p + (n-y) \log(1-p)$$

となる．よって，スコア関数およびフィッシャー情報量は，

$$U(p) = \frac{y}{p} - \frac{n-y}{1-p}$$
$$I_n(p) = -E\left[-\frac{y}{p^2} - \frac{n-y}{(1-p)^2}\right]$$
$$= \frac{np}{p^2} + \frac{n(1-p)}{(1-p)^2} = \frac{n}{p} + \frac{n}{(1-p)} = \frac{n}{p(1-p)}$$

となる．よって，尤度方程式 $U(p) = 0$ を解くと，MLE は，

$$y(1-\hat{p}) = \hat{p}(n-y) \quad \text{より，}$$
$$\hat{p} = \frac{Y}{n}$$

となる．ここでは，$E[\hat{p}] = np/n = p$ より MLE は不偏推定量でもある．また，$\hat{p}$ の漸近分散は $V[\hat{p}] = 1/I_n(p) = p(1-p)/n$ となる．クラーメル・ラオの不等式

より，任意の不偏推定量 $T(Y)$ について，

$$V[T] \geq \frac{1}{I_n(p)} = \frac{p(1-p)}{n}$$

が成り立つため，$\hat{p} = Y/n$ は有効推定量である．一方，各個体のイベントの有無はベルヌーイ分布に従い，そのフィッシャー情報量は $I_1(p) = 1/p(1-p)$ である．$I_n(p) = nI_1(p)$ であることもみてとれる．以上より，確率変数が二項分布に従う場合，二項確率 p の MLE はデータ数に関係なく，不偏性および有効性をもつ．

例題 4.2 **指数分布** イベント発生までの時間を表す $y_1, y_2, \ldots, y_n$ が平均 θ の指数分布からのランダム標本とする．このとき，平均パラメータ θ に関する尤度関数は，

$$L(\theta|\boldsymbol{y}) = \prod_{i=1}^{n} \frac{1}{\theta} \exp\left(-\frac{y_i}{\theta}\right) = \frac{1}{\theta^n} \exp\left(-\frac{1}{\theta} \sum_{i=1}^{n} y_i\right)$$

であり，対数尤度関数は，

$$l(\theta|\boldsymbol{y}) = \log L(\theta) = -n \log \theta - \frac{1}{\theta} \sum_{i=1}^{n} y_i$$

となる．よって，スコア関数およびフィッシャー情報量は，

$$U(\theta) = -\frac{n}{\theta} + \frac{1}{\theta^2} \sum_{i=1}^{n} y_i$$

$$I_n(\theta) = -E\left[\frac{n}{\theta^2} - \frac{2}{\theta^3} \sum_{i=1}^{n} y_i\right] = \frac{n}{\theta^2}$$

となる．尤度方程式を解くと，最尤推定量

$$\hat{\theta} = \frac{\sum_{i=1}^{n} Y_i}{n} = \overline{Y}$$

を得る．また，フィッシャー情報量の逆数（$\hat{\theta}$ の漸近分散）が，漸近性を仮定しないで導出した $\overline{Y}$ の分散 $V[\overline{Y}] = \theta^2/n$ に等しいことがみてとれる．

一方，指数分布の平均の区間推定は，指数分布に従う確率変数 Y を $2Y/\theta$ と変換すると自由度 2 の χ^2 分布に従うため，$2n\overline{Y}/\theta$ が自由度 $2n$ の χ^2 分布に従うことを利用して計算する．よって，

$$P\left(\chi^2_{2n}\left(\frac{\alpha}{2}\right) \leq \frac{2n\overline{Y}}{\theta} \leq \chi^2_{2n}\left(1 - \frac{\alpha}{2}\right)\right) = 0.95$$

であるため,θ の $100(1-\alpha)$%信頼区間は,

$$\left(\frac{2n\overline{Y}}{\chi^2_{2n}(1-\alpha/2)}, \frac{2n\overline{Y}}{\chi^2_{2n}(\alpha/2)}\right)$$

となる.ここで,$\chi^2_k(\alpha/2)$ は自由度 k の χ^2 分布の下側 $\alpha/2$%点である.

例題 4.3 **正規分布** $y_1, y_2, \ldots, y_n$ を正規分布 $N(\mu, \sigma^2)$ からのランダム標本とする.このとき,パラメータ (μ, σ^2) に関する尤度関数は,

$$L(\mu, \sigma^2|\boldsymbol{y}) = \prod_{i=1}^n \frac{1}{\sqrt{2\pi\sigma^2}} \exp\left(-\frac{(y_i-\mu)^2}{2\sigma^2}\right)$$

であり,対数尤度関数は,

$$l(\mu, \sigma^2|\boldsymbol{y}) = \log L(\mu, \sigma^2|\boldsymbol{y}) = -\frac{n}{2}\log(2\pi\sigma^2) - \frac{1}{2\sigma^2}\sum_{i=1}^n(y_i-\mu)^2$$

$$= -\frac{n}{2}\log 2\pi - \frac{n}{2}\log \sigma^2 - \frac{1}{2\sigma^2}\sum_{i=1}^n(y_i-\mu)^2$$

となる.ここで,$\boldsymbol{y}$ はデータベクトルである.よって,スコア関数を 0 とおいた尤度方程式は,

$$\frac{\partial l(\mu, \sigma^2)}{\partial \mu} = \frac{1}{\sigma^2}\sum_{i=1}^n(y_i-\mu) = 0$$

$$\frac{\partial l(\mu, \sigma^2)}{\partial \sigma^2} = -\frac{n}{2\sigma^2} + \frac{1}{2\sigma^4}\sum_{i=1}^n(y_i-\mu)^2 = 0$$

となる.この方程式をパラメータに関して解けば最尤推定量を求めることができる.まず第 1 式より,$\sum_{i=1}^n(y_i-\mu)=0$ であるため,平均の MLE は,$\hat{\mu} = \overline{Y} = (1/n)\sum_{i=1}^n Y_i$ となる.次に,第 2 式より,$\hat{\sigma}^2 = (1/n)\sum_{i=1}^n(y_i-\mu)^2$ を得る.ここで μ は未知であるため MLE を代入し,$\hat{\sigma}^2 = (1/n)\sum_{i=1}^n(Y_i-\overline{Y})^2$ が σ^2 の最尤推定量となる.これは,通常の不偏分散と一致せず分散を過小評価していることがわかる.一般に,分散のような尺度パラメータの最尤推定では過小評価が生じるため,n が小さいときには注意が必要である.

例題 4.4 **正規分布(線形回帰分析)** 結果変数 Y の説明変数 $x_1, x_2, \ldots, x_p$ 上への重回帰分析モデル,

$$y_i = \beta_0 + \beta_1 x_{i1} + \cdots + \beta_p x_{ip} + e_i, \quad i=1, 2, \ldots, n$$

を考える.ここで,誤差項 e_i が互いに独立に $N(0, \sigma^2)$ に従うと仮定する.こ

のとき，回帰パラメータの最尤推定量を求める．1.1 節で述べたように，重回帰モデルのベクトル表示は，

$$y = X\beta + e$$

となる．ここで，結果変数 y は，多変量正規分布 $N(X\beta, \sigma^2 I)$ に従う．このとき，尤度関数は，

$$L(\beta, \sigma^2 | y, X) = \frac{1}{(2\pi\sigma^2)^{n/2}} \exp\left(-\frac{1}{2\sigma^2}(y - X\beta)^T(y - X\beta)\right)$$

となり，対数尤度関数は

$$l(\beta, \sigma^2 | y, X) = -\frac{n}{2}\log(2\pi\sigma^2) - \frac{1}{2\sigma^2}(y - X\beta)^T(y - X\beta)$$

となる．よって，尤度方程式は，

$$\frac{\partial l(\beta, \sigma^2)}{\partial \beta} = \frac{1}{2\sigma^2}(2X^T y - 2X^T X\beta) = 0$$

$$\frac{\partial l(\beta, \sigma^2)}{\partial \sigma^2} = -\frac{n}{2\sigma^2} + \frac{1}{2\sigma^4}(y - X\beta)^T(y - X\beta) = 0$$

となる．この方程式を解いて得られた MLE は，

$$\hat{\beta} = (X^T X)^{-1} X^T Y$$

$$\hat{\sigma}^2 = \frac{1}{n}(Y - X\hat{\beta})^T(Y - X\hat{\beta})$$

となる．ただし，$X^T X$ は正則行列であるとする．重回帰分析において，誤差項の分布が正規分布であれば，回帰パラメータの MLE は最小二乗推定量と等しいことがわかる．また，例題 4.3 と同様，誤差分散の最尤推定量は不偏性をもたない．

4.2 ベイズ推定法

本節では，最尤推定量とベイズ理論の関係性を示す．推定や検定などの統計学的推測を行う際，主に 3 種類のアプローチの仕方がある（Cox, 2006）．それぞれ，ネイマン・ピアソン流の頻度論，フィッシャー流の理論，ベイズ理論に基づくものである．または，その組み合わせを用いる方法もある．例えば，次章で解説する多重補完法は，ベイズ理論に基づく手法であるが，頻度論的なよ

い性能も併せもつ．本節ではベイズ推定法の枠組みを要約する．ベイズ統計学の詳細については，Gelman et al（2013）などを参照されたい．

4.2.1 ベイズ理論の枠組み

ベイズ理論に基づく手法は，コンピュータや統計ソフトの著しい進歩もあって，近年多くの分野で活用される機会が増えている．ベイズ統計学は，パラメータの事前分布（prior distribution）とデータ（尤度関数）を掛け合わせることによりパラメータの事後分布を導出し統計的推測を行うもので，事前分布が適切であれば小標本の場合によい性能をもつ．頻度論に基づく手法がパラメータは何らかの真値をもつ固定値と考えるのに対して，ベイズ統計ではパラメータも変量とし明示的にその分布を考える点に特徴がある．理論は，次のベイズの定理（Bayes' theorem）

$$p(\theta|Y) = \frac{p(\theta)f(Y|\theta)}{p(Y)} \qquad (4.13)$$

に基づく．ここで，$p(\theta)$はパラメータの事前分布，$f(Y|\theta)=L(\theta|Y)$は尤度関数，$p(Y)$はパラメータθと関係しない定数である．左辺はパラメータの事後分布（posterior distribution）と呼ばれ，ベイズ推定ではシミュレーションにより生成した事後分布の標本モード（最頻値）や標本平均をパラメータの点推定値とし，事後分布の2.5%点と97.5%点を用いて事後確率区間を推定することが多い．このようなシミュレーションに基づく方法は，事後分布が複雑な分布で解析的に分布の要約指標を計算することが困難な場合でも，事後分布の位置やバラツキを要約できる．なお，このように何らかの事前分布を選択し，パラメータの事後分布を正確に記述し，それに基づき統計的推測を行うベイズ法を完全なベイズ統計手法（full Bayesian methods）と呼ぶ．

（4.13）からわかるように，事前分布に$p(\theta)=c$（cは定数）のような事前分布を用いると，nが大きい場合，ベイズ推定法は最尤法と本質的に等しい．ここで，$p(\theta)=c$のようなθに関する情報をもたない事前分布を無情報事前分布（non-informative prior distribution）という．欠測データの統計解析で最もよく使用されるベイズ手法は，多重補完法である．完全なベイズ統計手法は事後分布からの多くの復元抽出（例：10000組以上）を通じて，事後分布を近似しパラメータに関する推測を行うが，多重補完法はパラメータや欠測値の事後分

布からの少数組（例えば，5〜10組）のランダム抽出を通じて推測を行う．一般にパラメータが高次元の場合，事後分布の導出が複雑になるため，事後分布から少数個のデータをランダムに抽出し，それに基づき事後分布をシミュレートすることが有益となる．次章で多重補完法の枠組みを紹介する際，ベイズ理論の基礎が必要となるため，ここではベイズ理論の基本知識といくつかの確率分布に対してよく使用される事前分布，得られる事後分布を要約する．

4.2.2 ベイズ理論の基礎
(1) 事前分布の選択

ベイズ理論に基づきパラメータ推定を行う場合，パラメータの事前分布を指定する必要がある．正しい結論を導くために適切な事前分布を選択し，適切な事後分布を得る必要がある．実際のデータ解析では，パラメータの情報をもたない無情報事前分布を用いることが多い．例えば，二項確率 p に関する推測の問題において，事前分布に $\alpha=\beta=1$ のベータ分布 $Beta(\alpha, \beta)$（区間 $(0,1)$ の一様分布に等しい）を用いるのが一例である．

一方，事前分布と事後分布がパラメータの値のみが違う同一の確率分布であれば事前分布の解釈も容易であり好ましい選択であると考えられる．このような事前分布を，共役事前分布（conjugate prior distribution）という．最後に事前分布の適切性（proper prior distribution）について解説する．事前分布がデータに依存せず，かつ確率分布を積分すると1となるような事前分布のことを適切な事前分布と呼ぶ．ベイズ流の統計解析では，以上の点を加味して，適切な事前分布を選択する必要がある．以下に，いくつかのデータの確率分布ごとに，よく使用される事前分布と得られる事後分布を紹介する．

(2) 事後分布の例題

例題 4.5　二項パラメータに関する推測　データ Y が二項分布に従う場合，その確率関数は，

$$f(y|\theta) = \binom{n}{y} \theta^y (1-\theta)^{n-y}$$

となる．よく使われる二項パラメータ θ の事前分布である区間 $(0,1)$ の一様分布 $p(\theta)=1$ を用いると，二項確率の事後分布は

$$p(\theta|y) \propto \theta^y(1-\theta)^{n-y}$$

となる．これは，パラメータが $(y+1, n-y+1)$ のベータ分布，$Beta(y+1, n-y+1)$ を示唆する（厳密には定数項の詳細の計算が必要であるが，ここでは本質的な部分を示すために割愛する．以下の例題も同様とする）．これは二項分布において，イベントの回数と非イベントの回数をそれぞれ1ずつ加えることに対応する．大標本では影響は小さいが，小標本で θ が極端な場合は事前分布の影響が大きくなり得る．

例題 4.6 **正規分布に関する推測** データが正規分布に従い分散 σ^2 が既知であるという最も単純な場合を考える．平均 θ に以下の共役事前分布

$$p(\theta) \propto \exp\left(-\frac{1}{2\tau_0^2}(\theta-\mu_0)^2\right)$$

を用いると，事後分布は，

$$p(\theta|y) \propto p(\theta)p(y|\theta) \propto \exp\left(-\frac{1}{2}\left(\frac{(\theta-\mu_0)^2}{\tau_0^2}+\frac{\sum_{i=1}^n(y-\theta)^2}{\sigma^2}\right)\right)$$

となる．ここで，事前分布に指定した確率分布のパラメータ μ_0, τ_0^2（ハイパーパラメータという）は既知とする．これを式変形すると，

$$p(\theta|y) \propto \exp\left(-\frac{1}{2\tau_n^2}(\theta-\mu_n)^2\right)$$

となる．ここで，

$$\mu_n = \frac{(1/\tau_0^2)\mu_0+(n/\sigma^2)\bar{y}}{1/\tau_0^2+n/\sigma^2}, \quad \frac{1}{\tau_n^2}=\frac{1}{\tau_0^2}+\frac{n}{\sigma^2}$$

である．事後分布は正規分布であり，事後分布の平均は，標本平均が事前分布に近づけられたものであることがわかる．このような統計量は縮小統計量（shrinkage estimator）と呼ばれるものの1つであり，ベイズ理論に基づく事後分布のパラメータはこの形で表現されることが多い．これは第5章の多重補完法でパラメータの事後分布を導出する際にもみられる．ここでは，縮小統計量を例示するために，正規分布の分散およびハイパーパラメータが既知であるという最も簡単な例題を紹介したが，正規分布で分散および分散を与えた下での平均の事後分布については，Appendix C を参照されたい．最後に，ポアソン平均に関する事後分布を例示する．

例題 4.7 **ポアソン分布に関する推測** データ Y がポアソン分布に従う場合，その確率関数は，

$$p(y|\theta) = \frac{\theta^y}{y!}e^{-\theta}, \quad y = 0, 1, 2, \ldots, n$$

となる．このとき θ の共役事前分布である

$$p(\theta) \propto e^{-\beta\theta}\theta^{\alpha-1}$$

を使用することが多い．事後分布は，

$$p(\theta|y) \propto (e^{-\beta\theta}\theta^{\alpha-1}) \cdot (\theta^{\Sigma y_i}e^{-n\theta}) = \theta^{\alpha+n\bar{y}-1}e^{-(\beta+n)\theta}$$

となる．これは事後分布が，ガンマ分布 $Gamma(\alpha+n\bar{y}, \beta+n)$ であることを示唆する．

4.3 欠測パターンが単調な場合の最尤推定

4.3.1 単調な欠測パターン（2変数）の場合

2.4節（無視可能性）で解説したように，最尤推定あるいは無情報事前分布を用いたベイズ理論に基づく手法を用いる際，無視可能な欠測メカニズムは MAR または MCAR であった．つまり MAR の下では，欠測メカニズムのモデル化は不要であり，観察されたデータのみの尤度関数 $f(Y_{obs}|\theta)$ を考えればよい．

本節では，欠測パターンが単調な場合の $f(Y_{obs}|\theta)$ に基づく最尤推定量について解説する．この場合，以下に説明するように，尤度の分解を用いて反復計算を行うことなく最尤推定が可能である．簡単のために，3.1節の図3.1のように変数 Y_1, Y_2 が2変量正規分布 $f(y_1, y_2|\mu_1, \mu_2, \sigma_1^2, \sigma_2^2, \sigma_{12})$ に従い，Y_2 のみに欠測が生じる場合を考える．ここで，n 人分のデータの中で $i=1, 2, \ldots, r$ については Y_1 と Y_2 が共に観察されており，$i=r+1, \ldots, n$ については Y_2 のみが欠測していることとする．

欠測パターンが単調の場合は，以下の尤度の分解に基づき最尤推定が可能である．この欠測データの尤度の分解は，Anderson (1957) が欠測データの問題で初めて用いたものである．

$$f(y_1, y_2|\mu_1, \mu_2, \sigma_1^2, \sigma_2^2, \sigma_{12}) = f(y_1|\mu_1, \sigma_1^2)f(y_2|y_1, \beta_0, \beta_1, \sigma_{2\cdot 1}^2) \tag{4.14}$$

つまり，Y_1 と Y_2 の同時分布を Y_1 の周辺分布と Y_1 を与えたときの Y_2 の条件付き分布（Y_2 の Y_1 上への回帰モデル）の積で表現している．この式を欠測データの問題に適用すると，観察されたデータの尤度関数 $f(Y_{obs}|\theta)$ は次のように分解される．

$$\begin{aligned}
f(Y_{obs}|\theta) &= \prod_{i=1}^{r} f(y_{1i}, y_{2i}|\theta) \prod_{i=r+1}^{n} f(y_{1i}|\theta_1) \\
&= \prod_{i=1}^{r} f(y_{1i}|\theta_1) f(y_{2i}|y_{1i}, \theta_2) \prod_{i=r+1}^{n} f(y_{1i}|\theta_1) \\
&= \prod_{i=1}^{n} f(y_{1i}|\mu_1, \sigma_1^2) \prod_{i=1}^{r} f(y_{2i}|y_{1i}, \beta_0, \beta_1, \sigma_{2\cdot 1}^2)
\end{aligned} \quad (4.15)$$

欠測メカニズムが MAR であれば，この尤度に基づく最尤推定は妥当性をもつ．尤度の分解前と後のパラメータを，それぞれ

$$\theta = (\mu_1, \mu_2, \sigma_1^2, \sigma_2^2, \sigma_{12}^2)$$
$$\phi = (\mu_1, \sigma_1^2, \beta_0, \beta_1, \sigma_{2\cdot 1}^2)$$

と表記する．このとき，尤度 (4.15) を用いて欠測のある変数 Y_2 の平均 μ_2 を最尤推定する問題を考える．ここで，尤度 (4.15) は $n-r$ 人の Y_1 のみが観察されているデータが不完全な個体も含むため，CC 解析のような部分集団の解析でない点に留意すべきである．更に，(4.15) の変換後のパラメータは，Y_1 の周辺分布のパラメータと Y_1 を与えたときの Y_2 の条件付き分布に関するパラメータが互いに素である点が重要である（つまり，別々に尤度を最大化すればよい）．後者の条件付き期待値に関するパラメータは回帰分析の性質より，

$$\begin{aligned}
\beta_1 &= \frac{\sigma_{12}}{\sigma_1^2} \\
\beta_0 &= \mu_2 - \beta_1 \mu_1 \\
\sigma_{2\cdot 1}^2 &= \sigma_2^2 - \frac{\sigma_{12}^2}{\sigma_1^2}
\end{aligned} \quad (4.16)$$

と表現される．次に，この関係式を用いて欠測がある変数 Y_2 に関するパラメータを表現すると，

$$\begin{aligned}
\mu_2 &= \beta_0 + \beta_1 \mu_1 \\
\sigma_2^2 &= \sigma_{2\cdot 1}^2 + \frac{\sigma_{12}^2}{\sigma_1^2} \\
\sigma_{12} &= \beta_1 \sigma_1^2
\end{aligned} \quad (4.17)$$

となる．一方，Y_1 には欠測がないため，n 個の標本に基づく通常の MLE

$$\hat{\mu}_1 = \frac{\sum_{i=1}^{n} y_{1i}}{n}$$
$$\hat{\sigma}_1^2 = \frac{\sum_{i=1}^{n} (y_{1i} - \hat{\mu}_1)^2}{n} \quad (4.18)$$

を用いればよく，Y_1 を与えたときの Y_2 の条件付き期待値に関する MLE は，r 個の標本を用いて，

$$\hat{\beta}_1 = \frac{s_{12}}{s_1^2}$$
$$\hat{\beta}_0 = \bar{y}_2 - \hat{\beta}_1 \bar{y}_1 \quad (4.19)$$
$$\hat{\sigma}_{2\cdot 1}^2 = s_{2\cdot 1}^2 = s_2^2 - \frac{s_{12}^2}{s_1^2}$$

と表現できる．ここで，$\bar{y}_1, \bar{y}_2, s_1^2, s_2^2, s_{12}$ は，Y_1 および Y_2 が観察されている r 個の標本に基づくそれぞれ Y_1, Y_2 の平均，分散および共分散の MLE である．(4.17) に以上の通常の MLE を代入することにより，欠測データを用いた Y_2 の平均，分散および Y_1 と Y_2 の相関係数の最尤推定が可能となる．

$$\hat{\mu}_2 = \bar{y}_2 + \hat{\beta}_1(\hat{\mu}_1 - \bar{y}_1)$$
$$\hat{\sigma}_2^2 = s_2^2 + \hat{\beta}_1^2(\hat{\sigma}_1^2 - s_1^2) \quad (4.20)$$
$$\hat{\rho} = s_{12}(s_1^2 s_2^2)^{-1/2} \left(\frac{\hat{\sigma}_1^2}{s_1^2}\right)^{1/2} \left(\frac{s_2^2}{\hat{\sigma}_2^2}\right)^{1/2}$$

また，(4.20) の μ_2 の MLE は，

$$\hat{\mu}_2 = \frac{1}{n}\left(\sum_{i=1}^{r} y_{2i} + \sum_{i=r+1}^{n} \bar{y}_2\right) + \hat{\beta}_1(\hat{\mu}_1 - \bar{y}_1)$$
$$= \frac{1}{n}\left(\sum_{i=1}^{r} y_{2i} + \sum_{i=r+1}^{n} \bar{y}_2\right) + \hat{\beta}_1 \frac{1}{n}\left(\sum_{i=1}^{n} y_{1i} + r\bar{y}_1 - n\bar{y}_1\right)$$
$$= \frac{1}{n}\left(\sum_{i=1}^{r} y_{2i} + \sum_{i=r+1}^{n} \bar{y}_2\right) + \hat{\beta}_1 \frac{1}{n}\sum_{i=r+1}^{n}(y_{1i} - \bar{y}_1)$$
$$= \frac{1}{n}\left(\sum_{i=1}^{r} y_{2i} + \sum_{i=r+1}^{n} (\bar{y}_2 - \hat{\beta}_1(y_{1i} - \bar{y}_1))\right)$$

より，

$$\hat{\mu}_2 = \frac{1}{n}\left(\sum_{i=1}^{r} y_{2i} + \sum_{i=r+1}^{n} \hat{y}_{2i}\right) \quad (4.21)$$

と書くこともできる．ここで，$\hat{y}_{2i}$ は CC 解析に基づく単回帰分析から得た i 番目の個体の Y_2 の予測値である．つまり，欠測データを用いた Y_2 の MLE は，

欠測値に Y_1 上への Y_2 の回帰分析に基づく予測値を代入し通常の MLE を計算していることがわかる．第 3 章の単一値補完法で解説したように，$\hat{\mu}_2$ は不偏推定量である．したがって，欠測パターンが単調な場合は，$f(Y_{obs}|\theta)$ のみに基づく最尤法により Y_2 の平均を偏りなく推定できる．

次に，最尤推定量 $\hat{\mu}_2$ の漸近分散の推定を考える．4.1 節で解説した MLE の漸近正規性より，パラメータベクトル ϕ の分散共分散行列は，フィッシャー情報行列の逆行列を用いて，$V[\hat{\phi}]=I^{-1}(\hat{\phi})$ のように推定でき，ϕ を変換したパラメータ θ の要素である μ_2 の推定量の分散は，(4.12) より，

$$V[\hat{\mu}_2]=D(\hat{\mu}_2)V[\hat{\phi}]D(\hat{\mu}_2)^T \tag{4.22}$$

と計算できる．ここで，$D(\hat{\mu}_2)$ は変換に伴う係数ベクトルである．やや計算を要するが，最終的には

$$V[\hat{\mu}_2]=\hat{\sigma}_{2\cdot 1}^2\left(\frac{1}{r}+\frac{\hat{\rho}^2}{n(1-\hat{\rho}^2)}+\frac{(\bar{y}_1-\hat{\mu}_1)^2}{rs_1^2}\right) \tag{4.23}$$

となる（詳細は Appendix B を参照）．ここで，括弧内の第 3 項は欠測メカニズムが MCAR であれば $O(r^{-2})$ であるため無視できる．よって，MCAR の下での近似的な漸近分散は

$$V[\hat{\mu}_2]=\hat{\sigma}_{2\cdot 1}^2\left(\frac{1}{r}+\frac{\hat{\rho}^2}{n(1-\hat{\rho}^2)}\right)=\frac{\hat{\sigma}_2^2}{r}\left(1-\hat{\rho}^2\frac{n-r}{n}\right) \tag{4.24}$$

となる．これは，3.1 節で示した MLE の分散である．Y_1 と Y_2 の相関が高ければ，CC 解析と比べ推定量の分散が低下する（効率が上がる）ことがわかる．

最後に，3 変数以上の場合における，単調なパターンの欠測データに対する最尤推定の手順の概略を以下に示す．

4.3.2　単調な欠測パターン（3 変数以上）の場合

上述の 2 変数の場合の手順を 3 変数以上の場合に拡張する．観察されたデータの尤度は，(4.15) と同様に考えると，

$$f(Y_{obs}|\phi)=\prod_{i=1}^{n}f(y_{i1}|\phi_1)\prod_{i=1}^{r_2}f(y_{i2}|y_{i1},\phi_2)\cdots\prod_{i=1}^{r_J}f(y_{iJ}|y_{i1},\ldots,y_{iJ-1},\phi_J) \tag{4.25}$$

と分解される．ここで，各条件付き分布は回帰分析に対応し，2 変数のときと同様，各パラメータ空間 $\phi_1,\phi_2,\ldots,\phi_J$ は互いに素である．このため，まず，各

回帰分析を行い，$\phi_1, \phi_2, \ldots, \phi_J$ を構成するパラメータを推定し，J個の変数の平均パラメータは $\phi_1, \phi_2, \ldots, \phi_J$ を構成するパラメータで記述できるため，そこに推定値を代入し，平均の最尤推定量を求める．以下に手順をまとめる．なお，各変数の分布には正規分布を仮定する．

最尤推定の手順
1) 欠測のない変数 Y_1 について，平均と分散を推定する．なお，欠測がない変数が複数ある場合は，平均ベクトルと分散共分散行列を推定する．
2) 次に Y_2 の Y_1 上への回帰分析を CC 解析により行い回帰分析のパラメータ（回帰パラメータと条件付き分散）を推定する．
3) 同様に，Y_3 の Y_1 と Y_2 上への回帰分析を CC 解析により行い回帰分析のパラメータ（回帰パラメータと条件付き分散）を推定する．
4) 各変数に対して，上の回帰分析を変数 J まで繰り返し，回帰分析のパラメータを推定する．
5) 変数1～変数 J の平均パラメータは，上の1)～4) で推定したパラメータを用いて記述できる．そこに各最尤推定値を代入し，各変数の平均の最尤推定値を得る．

実際の最尤推定値およびその分散の推定は，掃き出し法の行列演算関数である SWEEP オペレーター (Goodnight, 1979) を用いて逐次的に計算する．詳細は，Little and Rubin (2002) を参照されたい．

例題4.8 **欠測パターンが単調な場合の最尤推定** 1.5節で紹介した BMI と腹囲の例を再びとりあげる．図 4.2 (a) は 400 名の被験者すべてから BMI と腹囲のデータが共に得られている場合の散布図であり，図 4.2 (b) は MCAR で 181 名分の腹囲データが欠測している場合である．欠測が完全にランダムに生じているため，分布の形は図 4.2 (a) と (b) で同様であることがみてとれる．一方，図 4.2 (c) は，MAR で 181 名分の腹囲データが欠測している場合である．ここで，MAR は生存時間データの解析で解説した打ち切りにより欠測が生じている場合を考える（つまり，BMI$<c$（c は定数）の被験者の腹囲データが欠測している）．最初に，3種類のデータに対して CC 解析を行った場合の要約統計量の計算結果を表 4.1 に示す．

欠測メカニズムが MCAR の場合には，データが欠測した集団は全集団から

4.3 欠測パターンが単調な場合の最尤推定

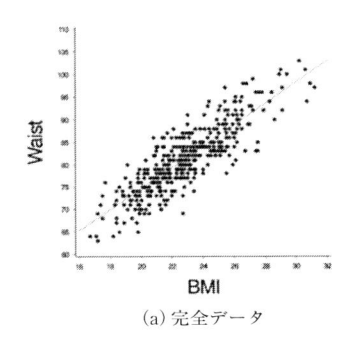

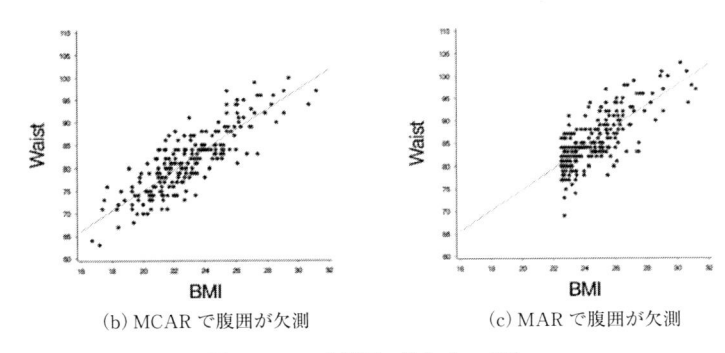

(a) 完全データ

(b) MCAR で腹囲が欠測

(c) MAR で腹囲が欠測

図 4.2 BMI と腹囲の散布 ($n=400$)

表 4.1 BMI と腹囲データの要約統計量（CC 解析）

	BMI		腹囲		相関係数 r
	n	mean±SD	n	mean±SD	
完全データ	400	22.9±2.6	400	81.5±7.3	0.854
MCAR	219	22.9±2.6	219	81.6±6.9	0.849
MAR	219	24.7±1.9	219	85.8±5.8	0.751

のランダムな標本と考えられるため，CC 解析が両変数の平均，標準偏差および相関係数のすべてのパラメータに対して推定値が偏りをもたないことがみてとれる．一方，MAR の場合は，CC 解析は BMI および腹囲の平均を過大評価し，BMI と腹囲の標準偏差および相関係数は過小評価していることがわかる．それは BMI の低値の被験者に対して腹囲データが欠測していて，両変数の相関係数が高いためである．欠測メカニズムが MAR の場合には，前述のように

観察されたデータをすべて用いた最尤推定を行う必要がある．以下に最尤法に基づく解析結果を示す．まず，欠測メカニズムが MCAR の場合を考える．

(1) 最尤推定（MCAR の場合）

腹囲 Y_2 の平均の最尤推定量 $\hat{\mu}_2$ を求めるために，回帰分析の CC 解析を行う．各パラメータの推定値は，

$$\hat{\beta}_1 = 2.2315, \quad \hat{\sigma}_{2\cdot 1}^2 = 13.45, \quad \hat{\rho} = 0.849$$

である．これらの推定値を用いて計算した腹囲の平均の最尤推定値は，

$$\hat{\mu}_2 = \frac{1}{n}\left(\sum_{i=1}^{r} y_{2i} + \sum_{i=r+1}^{n} \hat{y}_{2i}\right) = 81.5$$

であった．また，その分散は，

$$V[\hat{\mu}_2] = \hat{\sigma}_{2\cdot 1}^2 \left(\frac{1}{r} + \frac{\hat{\rho}^2}{n(1-\hat{\rho}^2)}\right) = \frac{\hat{\sigma}_2^2}{r}\left(1 - \hat{\rho}^2 \frac{n-r}{n}\right) = 0.146$$

であった．CC 解析の平均の分散 $V[\hat{\mu}_2] = 0.217$（$= 6.9^2/219$）と比べ推定精度に寄与する情報が回復していることがわかる．今回は相関係数が高いため，完全データの平均の分散（$7.3^2/400 = 0.133$）に接近している．

(2) 最尤推定（MAR の場合）

MCAR のときと同様に，回帰分析の CC 解析を行う．各パラメータの推定値は，

$$\hat{\beta}_1 = 2.317, \quad \hat{\sigma}_{2\cdot 1}^2 = 14.69, \quad \hat{\rho} = 0.751$$

である．これらの推定値を用いて計算した腹囲の平均の最尤推定値は，

$$\hat{\mu}_2 = \frac{1}{n}\left(\sum_{i=1}^{r} y_{2i} + \sum_{i=r+1}^{n} \hat{y}_{2i}\right) = 81.5$$

であり，Y_1 に関する打ち切りであっても Y_2 の平均の推定には偏りがないことがわかる．また，その分散は，

$$V[\hat{\mu}_2] = \frac{\hat{\sigma}_2^2}{r}\left(1 - \hat{\rho}^2 \frac{n-r}{n} + \frac{(1-\hat{\rho}^2)(\bar{y}_1 - \hat{\mu}_1)^2}{s_1^2}\right) = 0.176$$

である．平均の推定精度に関しては，欠測メカニズムが MCAR の場合と比べ，精度が低下していることがわかる．平均の分散の式からわかるように，MAR の下では全集団と CC 解析の集団の間で Y_1 の平均に差異が生じるために平均の分散が上昇し推定精度が低下することがみてとれる．このように，打ち切りを含む欠測メカニズムが MAR の場合，Y_2 の平均の最尤推定値に偏りはないが，推定精度は MCAR のときと比べ低下する．

4.4 欠測パターンが非単調な場合の最尤推定

欠測パターンが単調な場合は，前節のように回帰分析を逐次的に適用することにより，反復計算を行わずにパラメータを最尤推定できた．しかし，欠測パターンが非単調な場合は，そのような方法を適用できない．そこで，本節では欠測のパターンが非単調な場合にもパラメータの最尤推定が可能な EM アルゴリズム（Dempster et al, 1977）について解説する．データ $Y=(Y_{obs}, Y_{mis})$ から最尤推定値 $\hat{\theta}$ を求める場合，直感的には，EM アルゴリズムは以下ステップ（1）および 2））の反復として説明できる．

---
0) Y_{mis} に初期値を代入し，$\hat{\theta}$ を計算する
1) $\hat{\theta}$ を用いて Y_{mis} に予測値を代入する
2) Y_{obs} と Y_{mis} の代入値から $\hat{\theta}$ を計算する

ここで，1) と 2) をそれぞれ，E ステップ（expectation-step）と M ステップ（maximization-step）と呼ぶことが手法の名前の由来である．理論的な根拠は，$l(\theta|Y)$ を完全データの対数尤度，$l(\theta|Y_{obs})$ を観察されたデータの対数尤度とするとき，適当な条件の下，$l(\theta|Y)$ の条件付き期待値の最大化により $l(\theta|Y_{obs})$ の最大化を達成できる点に基づく．つまり，一般的に直接的な最大化が困難である $l(\theta|Y_{obs})$ の導出を避け，観察されたデータ Y_{obs} およびその反復でのパラメータ θ の推定値を与えた下での，完全データの対数尤度 $l(\theta|Y)$ の条件付き期待値を最大化することにより MLE を得るアルゴリズムが EM アルゴリズムである．

計算上は，Newton-Raphson 法のような MLE を求めるためのより一般的な反復計算法と比べ，EM アルゴリズムは尤度関数の 2 階微分が不要であり，多くの場合その計算が困難となる欠測データの最尤推定の問題にも適用可能である．また，EM アルゴリズムの問題点として，一般的に収束までにかかる時間が長い点が指摘されるが，渡辺・山口（2000）は，Newton-Raphson 法と比較しても，収束までの反復回数は多いものの総所要時間はむしろ短いと指摘している．なお，統計学においてよく使用される反復計算法については岩崎

(2004) に詳しい. 以下に, 直感的なものでなく, よりフォーマルな手順を示す.

EM アルゴリズムの手順

数式で記述すると, EM アルゴリズムは, 以下の E ステップおよび M ステップの 2 つのステップの反復として定式化される. E ステップは反復 t におけるパラメータ推定値 $\theta^{(t)}$ を与えた下での完全データの対数尤度の条件付き期待値を計算するステップであり, M ステップは条件付き期待値を最大化し, パラメータ推定値 $\theta^{(t+1)}$ を得るステップである.

$$\text{E ステップ}: Q(\theta|\theta^{(t)}) = \int l(\theta|Y) f(Y_{mis}|Y_{obs}, \theta=\theta^{(t)}) dY_{mis} \quad (4.26)$$

$$\text{M ステップ}: Q(\theta^{(t+1)}|\theta^{(t)}) \geq Q(\theta|\theta^{(t)}) \quad \text{for all } \theta \quad (4.27)$$

ここで, $\theta^{(t)}$ は t 回目の反復におけるパラメータ θ の推定値を表す.

EM アルゴリズムの特性

以下に EM アルゴリズムの主な特性をまとめる.

- パラメータ推定値が収束していなければ, 各反復で対数尤度が増加する
- 対数尤度関数が有界であればパラメータの定常点に収束する
- データの分布が指数型分布族であれば, E ステップはパラメータの十分統計量のみで記述でき, アルゴリズムが簡単化される
- 欠測値が多い場合, 収束速度が遅くなり得る

EM アルゴリズムの改良版

収束速度の改善を目的として EM アルゴリズムの様々な改良版が存在する (主に M ステップ). 例えば, ECM (Meng and Rubin, 1993) は, 実際には EM アルゴリズムよりも多くの場面で有用なものであり, M ステップで完全な尤度を最大化するのでなく, CM (conditional maximization) ステップとして, 制約のあるパラメータ空間内で尤度を最大化する. また, ECM は EM アルゴリズムの利点 (パラメータの収束値を得るまで反復ごとに尤度が増加するなど) を保持する. その他にも様々な EM アルゴリズムの改良版が提案されている (詳細は, 渡辺・山口 (2000) を参照).

4.4.1 2変量正規分布データで非単調な欠測パターンの場合

図 4.3 のような，2 変数に非単調なパターンで欠測が生じるデータに対して，EM アルゴリズムを用いてパラメータの MLE を求める手順を以下に例示する．ここでは，2 変数データの確率分布は 2 変量正規分布とする．

この例題では，完全データの確率分布が指数型分布族である場合，E ステップと M ステップは次のように各パラメータの十分統計量のみを用いて記述できるという利点が生じる．なお，指数型分布族とは，正規分布，ポアソン分布，二項分布など多くの分布が含まれ，確率（密度）関数が $f(y|\theta) = s(y)t(\theta)e^{a(y)b(\theta)}$ の形で書ける確率分布の集合である．ここで，a, b, s, t は何らかの既知の関数である．

(1) E ステップ

データの確率分布が指数型分布族であるため，対数尤度の条件付き期待値が十分統計量の線形関数になるため，データでなく十分統計量のみを考えればよい．2 変量正規分布の十分統計量は，

$$t_1 = \sum_{i=1}^n y_{1i}, \quad t_2 = \sum_{i=1}^n y_{2i}, \quad t_{11} = \sum_{i=1}^n y_{1i}^2, \quad t_{22} = \sum_{i=1}^n y_{2i}^2, \quad t_{12} = \sum_{i=1}^n y_{1i}y_{2i} \quad (4.28)$$

である．そして，E ステップでは上の十分統計量で欠測している部分を Y_2 の Y_1 上への回帰とその逆の回帰を行い，次の条件付き期待値で置き換えることにより十分統計量の計算を行う．以下は例えば，Y_2 の Y_1 上への回帰に基づく十分統計量を構成する要素の期待値である．

$$\begin{aligned}
E[y_{2i}|y_{1i}, \boldsymbol{\mu}, \boldsymbol{\Sigma}] &= \beta_0 + \beta_1 y_{1i} \\
E[y_{2i}^2|y_{1i}, \boldsymbol{\mu}, \boldsymbol{\Sigma}] &= (\beta_0 + \beta_1 y_{1i})^2 + \sigma_{2 \cdot 1}^2 \\
E[y_{1i}y_{2i}|y_{1i}, \boldsymbol{\mu}, \boldsymbol{\Sigma}] &= (\beta_0 + \beta_1 y_{1i})y_{1i}
\end{aligned} \quad (4.29)$$

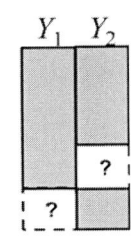

図 4.3 非単調な欠測パターンの 2 変量データ

(2) M ステップ

M ステップでは，上で完全化した十分統計量を用いて，モーメント法を用いて以下の推定量を計算する．

$$\hat{\mu}_1 = \frac{t_1}{n}, \quad \hat{\mu}_2 = \frac{t_2}{n}, \quad \hat{\sigma}_1^2 = \frac{t_{11}}{n} - \hat{\mu}_1^2, \quad \hat{\sigma}_2^2 = \frac{t_{22}}{n} - \hat{\mu}_2^2, \quad \hat{\sigma}_{12} = \frac{t_{12}}{n} - \hat{\mu}_1\hat{\mu}_2 \quad (4.30)$$

そして，M ステップで得たパラメータ推定値を与えた下で，E ステップの十分統計量を構成する期待値を更新する．というように E ステップと M ステップを反復することにより，パラメータの最尤推定値の収束解を得る．

例題 4.9 **欠測パターンが非単調な場合の最尤推定** ここでは，1.5 節で紹介した BMI と腹囲の例題を再び考える．ただし，MCAR で非単調な欠測が生じている例題を用いる．データの要約統計量を表 4.2 に示す．400 名中，Y_1 と Y_2 の両方が観察されているデータが 200 名で，Y_1 のみと Y_2 のみがそれぞ

表 4.2 BMI と腹囲データの要約統計量（欠測メカニズム：MCAR）

	BMI		腹囲		相関係数 r
	n	mean±SD	n	mean±SD	
完全データ	400	22.9±2.6	400	81.5±7.3	0.854
complete-case	200	22.9±2.6	219	81.4±6.9	0.848
Y_1 のみ観察	100	23.1±2.6			
Y_2 のみ観察	100			80.5±7.8	

表 4.3 MCAR で非単調な欠測パターンに対する EM アルゴリズムの結果

反復	$-2\log L$	BMI	腹囲
0	2363.201517	22.95	81.13
1	2245.96242	22.95	81.13
2	2178.802186	22.92812	81.159201
3	2139.910683	22.909093	81.191288
4	2121.08746	22.895387	81.218293
5	2113.608443	22.886128	81.237724
6	2111.075159	22.880164	81.250507
7	2110.304405	22.876476	81.258461
8	2110.084292	22.874269	81.263226
9	2110.023536	22.872983	81.266001
10	2110.007049	22.872249	81.267584
11	2110.00261	22.871837	81.268472
12	2110.001418	22.871609	81.268965
13	2110.001099	22.871483	81.269234
14	2110.001013	22.871415	81.269381

4.4 欠測パターンが非単調な場合の最尤推定

表 4.4 BMI と腹囲データの要約統計量(欠測メカニズム:MAR)

	BMI		腹囲		相関係数 r
	n	mean±SD	n	mean±SD	
完全データ	400	22.9±2.6	400	81.5±7.3	0.854
complete-case	200	20.8±1.4	200	76.7±5.1	0.848
Y_1 のみ観察	100	23.5±0.6			
Y_2 のみ観察	100			89.6±5.4	

表 4.5 MAR で非単調な欠測パターンに対する EM アルゴリズムの結果

反復	$-2\log L$	BMI	腹囲	反復	$-2\log L$	BMI	腹囲
0	2171.134988	21.721333	80.963333	16	1945.181144	22.188616	82.542555
1	2097.267088	21.721333	80.963333	17	1945.176809	22.18962	82.539291
2	2036.037647	21.866749	81.618813	18	1945.174172	22.190402	82.536733
3	1990.358507	21.983696	82.129853	19	1945.172568	22.191012	82.534732
4	1964.479548	22.059292	82.427938	20	1945.171591	22.191487	82.533168
5	1952.830005	22.103463	82.56413	21	1945.170997	22.191859	82.531947
6	1948.284189	22.129736	82.612647	22	1945.170635	22.192148	82.530993
7	1946.57083	22.146559	82.621476	23	1945.170415	22.192374	82.530249
8	1945.87884	22.158096	82.614293	24	1945.170281	22.19255	82.529668
9	1945.561497	22.166398	82.601836	25	1945.170199	22.192688	82.529214
10	1945.397344	22.172559	82.588759	26	1945.17015	22.192795	82.52886
11	1945.305361	22.17722	82.576906	27	1945.170119	22.192879	82.528584
12	1945.251551	22.180788	82.566848	28	1945.170101	22.192944	82.528368
13	1945.219408	22.18354	82.558603	29	1945.17009	22.192995	82.5282
14	1945.200022	22.185672	82.551976	30	1945.170083	22.193035	82.528069
15	1945.188276	22.187328	82.54671				

れ 100 名である.欠測メカニズムが MCAR であるため,CC 解析も偏りがないことがみてとれる.

表 4.3 に,この欠測データに EM アルゴリズムを適用し各変数の平均パラメータを推定した結果を示す.反復と共に尤度関数が増加していることがみてとれる.BMI と腹囲の平均の MLE はそれぞれ,22.9 kg/m^2 および 81.3 cm でありバイアスがないことがみてとれる.

次に,欠測メカニズムが MAR で腹囲と BMI が欠測するデータを考える.表 4.4 に要約統計量を示す.CC 解析は,BMI および腹囲の平均パラメータの推定において大きな偏りがみてとれる.表 4.5 に,欠測メカニズムが MAR のデータに対して,EM アルゴリズムを用いて平均パラメータを最尤推定した結果を示す.このデータでは,30 回程度の反復で平均パラメータの収束解を得

た．BMI と腹囲の平均の MLE はそれぞれ，22.2 kg/m^2 および 82.5 cm であり，大きな偏りはみられない．

4.5　打ち切りがある生存時間データの最尤推定

ここでは，1.5 節で少し触れたデータに打ち切り（censoring）がある場合の最尤推定の問題を扱う．特に，研究の結果変数が生存時間（survival time）データであり，そこに打ち切りが生じる場合を考える．生存時間データとは，何らかのイベントが発生するまでの時間であり，イベントは研究分野により，例えば工学では製品の故障，経済学では倒産や破産，医学では死亡や病気の再発などを扱うことが多い．イベントとしては，一般にあまりよくない事象を扱うことが多いが，学位の取得，結婚，病気の治癒などをイベントとしてもよい（定式化は同じである）．

以下に生存時間データの解析で使用される主な用語を整理する．生存時間を表す確率変数を T とすると，時点 t における生存関数（survival function）を

$$S(t) = P(T > t) \tag{4.31}$$

で定義する．つまり，累積分布関数 $F(t)$ との関係は以下となる．

$$S(t) = 1 - F(t) \tag{4.32}$$

このとき，時点 t における瞬間イベント発生率であるハザード関数を

$$h(t) = \lim_{\Delta t \to 0} \frac{P(t \leq T < t + \Delta t | T \geq t)}{\Delta t} \tag{4.33}$$

で定義する．そして，ハザード関数は次のように生存関数で記述できる．

$$\begin{aligned} h(t) &= \lim_{\Delta t \to 0} \frac{P(t \leq T < t + \Delta t | T \geq t)}{\Delta t} \\ &= \lim_{\Delta t \to 0} \frac{P(t \leq T < t + \Delta t)}{\Delta t \cdot P(T \geq t)} \\ &= \lim_{\Delta t \to 0} \frac{S(t) - S(t + \Delta t)}{\Delta t \cdot P(T \geq t)} \\ &= -\frac{dS(t)}{dt} \cdot \frac{1}{S(t)} = -\frac{d \log S(t)}{dt} \end{aligned} \tag{4.34}$$

時点 t までのハザードの累積を

$$H(t) = \int_{u=0}^{t} h(u) du = -\log S(t) \tag{4.35}$$

と定義すると，$S(t)=\exp(-H(t))$ という関係式を得る．最後に，$S(t)=1-F(t)$ を利用すると，$f(t)=h(t)\cdot S(t)$ という関係式を得る．

なお，後述の指数分布は期間を通じてハザードが一定である確率分布として知られている．より柔軟なハザードの形状をモデル化する場合は，ワイブル分布やガンマ分布が使用される．

このとき，すべての個体にイベントが生じるまで個体を追跡することは不可能な場合が多いため，多くの研究では生存時間に打ち切りが生じる．打ち切りには，右側打ち切り，左側打ち切り，区間打ち切り，ランダム打ち切りがあり，右側打ち切りの中に更にタイプI打ち切りとタイプII打ち切りがある．前者はある研究期間 c 以内の生存時間は観察されるが，それを超えると打ち切りとするもので，後者は例えば製品の累積故障数が c 個となるまですべての製品を追跡し，それ以降は打ち切りとするという個数打ち切りである．

以上の定式化の下，生存時間分布の最も単純な確率分布である指数分布に打ち切りが生じる場合の最尤推定の例題を以下に考える．

4.5.1 打ち切りがある場合の指数分布の平均の最尤推定
(1) タイプI打ち切り

生存時間を表す $t_1, t_2, \ldots, t_n$ を平均 θ の指数分布 $Exp(\theta)$ からのランダム標本とするとき，時間 c 以降はタイプI打ち切りが生じる場合の指数分布の平均 θ の最尤推定量を求める．このとき，尤度関数は，

$$L(\theta) = \prod_{i=1}^{n}\left(\left(\frac{1}{\theta}\exp\left(-\frac{y_i}{\theta}\right)\right)^{1-m_i}\left(\exp\left(-\frac{c}{\theta}\right)\right)^{m_i}\right) \\ = \prod_{y_i \leq c}\left(\frac{1}{\theta}\exp\left(-\frac{y_i}{\theta}\right)\right)\prod_{y_i > c}\left(\exp\left(-\frac{c}{\theta}\right)\right) \quad (4.36)$$

となる．ここで，m_i は個体 i の打ち切りを表す2値変数であり，0：非打ち切り，1：打ち切りである．尤度関数は，非打ち切り例を表す通常の指数分布の確率密度関数と打ち切り例を表す指数分布の生存関数 ($P(T>c)$) の混合で表現されていることがわかる．このとき，対数尤度関数は，

$$l(\theta) = \log L(\theta) = -m\log\theta - \frac{1}{\theta}\left(\sum_{i=1}^{m}y_i + (n-m)c\right)$$

となる．ここで，m は生存時間が観察された個体の数である．よって，スコ

ア関数を0とおいた尤度方程式を解くと，最尤推定量は

$$\frac{dl(\theta)}{d\theta} = -\frac{m}{\theta} + \frac{1}{\theta^2}\left(\sum_{i=1}^{m} y_i + (n-m)c\right) = 0 \quad \text{より,}$$

$$\hat{\theta} = \frac{\sum_{i=1}^{m} y_i + (n-m)c}{m} \tag{4.37}$$

となる．つまり，打ち切り時間までに観察された生存時間の総和をデータ数 n ではなく，生存時間が実際に観察されたデータ数 m で除したものが最尤推定量となる．なお，タイプI打ち切りがある指数分布の平均に関する信頼区間の推定は，尤度比統計量を用いた方法などを使用できる．詳細は岩崎（2002）を参照されたい．

(2) タイプII打ち切り

生存時間を表す $t_1, t_2, \ldots, t_n$ を指数分布 $Exp(\theta)$ からのランダム標本とするとき，m 個のイベントが観察された後はタイプII打ち切りが生じる場合の指数分布の平均 θ の最尤推定量を求める．生存時間を小さい順に並べた順序統計量を $T_{(1)} < T_{(2)} < \cdots < T_{(n)}$ とする．例えば，k 番目の順序統計量 $T_{(n)}$ の確率密度関数は，

$$\begin{aligned}f(t) &= \frac{1}{\theta}\exp\left(-\frac{t}{\theta}\right) \cdot \frac{n!}{(k-1)!(n-k)!}\left(\exp\left(-\frac{t}{\theta}\right)\right)^{n-k}\left(1-\exp\left(-\frac{t}{\theta}\right)\right)^{k-1} \\ &= \frac{n!}{(k-1)!(n-k)!\theta}\left(\exp\left(-\frac{t}{\theta}\right)\right)^{n-k+1}\left(1-\exp\left(-\frac{t}{\theta}\right)\right)^{k-1}\end{aligned} \tag{4.38}$$

となる．順序統計量はある順位のデータを t と決めると，その他すべての順位のデータに制約が生じるため，k 番目の生存時間1つのみの密度関数に残り $n-1$ 個のデータから $k-1$ 個を選ぶ確率を掛けたものが密度関数となる．

この考え方を使い，$T_{(1)}, T_{(2)}, \ldots, T_{(n)}$ の同時密度関数（つまり尤度関数）を考える．ここでは，$T_{(m)}$ 以降は打ち切りのためにすべて同じ値 $t_{(m)}$ となる点に留意すると，同時密度は，

$$f(t_{(1)}, t_{(2)}, \ldots, t_{(n)}) = \frac{n!}{(n-m)!\theta^m}\exp\left(-\frac{1}{\theta}\left(\sum_{j=1}^{m} t_{(j)} + (n-m)t_{(m)}\right)\right)$$

となり，対数尤度関数は，

$$l(\theta) = -m\log\theta - \frac{1}{\theta}\left(\sum_{j=1}^{m} t_{(j)} + (n-m)t_{(m)}\right)$$

となる．よって，θ の最尤推定量は，

$$\frac{dl(\theta)}{d\theta} = -\frac{m}{\theta} + \frac{1}{\theta^2}\Bigl(\sum_{j=1}^{m} t_{(j)} + (n-m)t_{(m)}\Bigr) = 0 \quad \text{より,}$$

$$\hat{\theta} = \frac{\sum_{j=1}^{m} t_{(j)} + (n-m)t_{(m)}}{m} \tag{4.39}$$

となる．個数打ち切りの場合も時間打ち切りの場合と類似した最尤推定量となることがわかる．

例題 4.10 **打ち切りのある指数分布の平均の最尤推定** イベント発生までの時間を測定し，表 4.6 のデータを得た．このとき，(1) 時間打ち切りで 7 日を超える生存時間が打ち切りとなる場合と，(2) 7 個のイベントを観察した時点で打ち切りとする個数打ち切りの場合の平均の最尤推定量を求める．

表 4.6 故障時間データ（単位：日）

1	1	2	2	2	6	6	8	12	15

(1) タイプ I 打ち切りの場合

故障時間に指数分布を仮定すると，タイプ I 打ち切りの場合の最尤推定値は，

$$\hat{\theta} = \frac{\sum_{i=1}^{m} y_i + (n-m)c}{m} = \frac{20 + 3 \times 7}{7} = 5.9 \,(\text{日})$$

となる．

(2) タイプ II 打ち切りの場合

故障時間に指数分布を仮定すると，タイプ II 打ち切りの場合の最尤推定値は，

$$\hat{\theta} = \frac{\sum_{j=1}^{m} t_{(j)} + (n-m)t_{(m)}}{m} = \frac{20 + 3 \times 6}{7} = 5.4 \,(\text{日})$$

となる．

なお，タイプ I 打ち切りとタイプ II 打ち切りで，それぞれ打ち切りデータに打ち切り時間（7 日）と個数打ち切りの際に観察された生存時間（6 日）を単純に補完し標本平均を計算すると，それぞれ

$$\bar{y}_{simple1}=\frac{20+3\times 7}{10}=4.1\,(日), \quad \bar{y}_{simple2}=\frac{20+3\times 6}{10}=3.8\,(日)$$

となる.

このデータで仮にすべての生存時間を観察したときの指数平均の最尤推定値は5.5日であり,上記の打ち切りを考慮した最尤推定値は完全データと近い値を与える.一方,指数分布のように裾の重い分布ではデータに打ち切り値を単純に代入する方法は生存時間の過小評価をもたらす.

4.5.2 打ち切りがある場合の生存関数のノンパラメトリック最尤推定

本章の最後に,医学研究で繁用される生存関数のノンパラメトリック最尤推定量である,Kaplan-Meier 推定量(Kaplan and Meier, 1958)について解説する.図4.4に,急性白血病患者における疾患の再発をイベントとした無作為化臨床試験(Freireich et al, 1963)における生存関数の Kaplan-Meier プロットを示す.この試験は,プラセボ群を対照として処置群(6-MP 群)の有効性を評価することを目的としたものであった.

時間 t における生存関数の Kaplan-Meier 推定量は,

$$\hat{S}(t)=\prod_{j=1}^{t}\left(1-\frac{d_j}{n_j}\right) \tag{4.40}$$

で定義される.ここで,d_j は時点 j でのイベント数(医学領域で提案されたため,死亡 death の頭文字である),n_j は時点 j でイベントあるいは打ち切りが

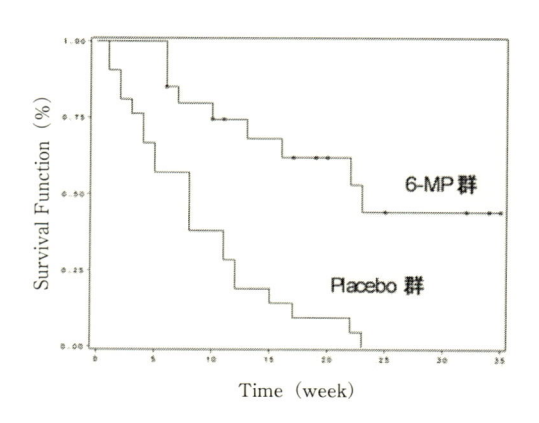

図4.4 急性白血病患者における再発に関する生存関数の Kaplan-Meier プロット

起きていない人数である．これを時点 j でイベントのリスクを評価できる集団の人数という意味でリスク集合（risk set）の大きさとも呼ぶ．

Kaplan-Meier 推定量は，生存時間の分布に確率分布を仮定せずに，打ち切りを加味した生存関数の最尤推定量となっている．時点の間隔を微小にしたときの条件付き確率の積となっていることから積極限推定量（product limit estimator）とも呼ばれる．

一方，Kaplan-Meier 推定量の標準誤差は Greenwood の公式を用いて，

$$SE[\hat{S}(t)] = \hat{S}(t)\sqrt{\sum_{j=1}^{t} \frac{d_j}{n_j(n_j - d_j)}} \quad (4.41)$$

と計算でき，生存関数の $100(1-\alpha)$%信頼区間は，正規近似を用いて，

$$\hat{S}(t) \pm z_{\alpha/2} \cdot SE[\hat{S}(t)] \quad (4.42)$$

と計算できる．

例題 4.11 **Kaplan-Meier 推定値** 次の生存時間データについて，8ヵ月時の Kaplan-Meier 推定値を求める．ここで，+ は打ち切りを意味する．

生存時間（ヵ月）：3，5+，6，6+，8，10，12+，12+，12+，12+

8ヵ月時の推定値は，

$$\hat{S}(8) = \left(1 - \frac{1}{10}\right) \times \left(1 - \frac{1}{8}\right) \times \left(1 - \frac{1}{6}\right) = \frac{9}{10} \times \frac{7}{8} \times \frac{5}{6} = \frac{21}{32} = 0.656$$

となる．

本節では，結果変数が生存時間データであり，打ち切りが存在するときの最尤推定の方法について解説した．生存時間データは，当然，非負であるため特有の確率分布が必要となる．ここでは，最も単純な生存時間の確率分布である指数分布について述べた．また，最後に医学研究の領域でよく使用される，打ち切りを加味した生存関数のノンパラメトリック最尤推定量である Kaplan-Meier 推定量を紹介した．本書では紙面の関係上，他の確率分布の最尤推定法や打ち切りでなく切断により欠測が生じる場合については述べることができなかった．正規分布の場合の打ち切りと切断の場合の最尤推定については，岩崎（2002）を参照されたい．

4.6 本章のまとめ

本章では尤度関数に基づくパラメータの推定法を要約した．まず，完全データに対する通常の最尤推定法の理論をまとめた．特に最尤推定量が漸近的によい性質をもつ点に触れた．次に，パラメータの事前分布と尤度関数を組み合わせることにより，パラメータの事後分布を生成し統計的推測を行うベイズ流の統計手法を要約した．最尤法とベイズ流の手法が近い関係にあり，ベイズ手法で無情報事前分布を用いる場合，漸近的に両者は等しい結果を与えることを述べた．

次に欠測データに対する，観察されたデータ Y_{obs} のみを用いた最尤推定法を，(1) 欠測パターンが単調な場合と (2) 欠測パターンが非単調な場合について示した．(1) の場合，尤度関数の分解を通じて，反復計算をせずに最尤推定が可能である．一方，(2) の場合，反復計算を行いパラメータ推定値の収束解を得る必要がある．次に，非単調な欠測パターンにも使用できる，欠測データを用いた最も一般的な最尤推定の方法である，EM アルゴリズムについて解説した．欠測メカニズムが MAR の場合，観察されたデータ Y_{obs} のみの尤度関数に基づく方法が，幅広い推測対象（群ごとの平均値や分散など）に対して偏りのないパラメータ推定を行うことを例題と共に示した．最後に，打ち切りがある生存時間データを用いた最尤推定法を，2 種類の打ち切りの場合について示した．本章では，パラメータの推定法に焦点を当てたが，最尤法やベイズ推定法は，第 5 章以降の統計手法（例えば，多重補完法や混合効果モデル）のほぼすべてが採用するパラメータの推定方法である．このため，本章の知識は，第 5 章以降の統計手法の性質を理解する上で重要になる．

Chapter 5

多重補完法

　本章では，近年多くの分野で欠測データの解析に使用されている多重補完法（multiple imputation, MI）について解説する．MIは，ベイズ理論に基づくシミュレーションベースの手法で，様々な場面に適用できる高い汎用性をもつものである．本質的に最尤法と同じ性質をもち，MARが無視可能な欠測メカニズムである．ただし，最尤法と同様のよい性質をもつためには補完モデルがいくつかの条件を満たす必要がある．5.1節で多重補完法，5.2節で補完モデル，5.3節で多重補完法を使う際の留意点，5.4節で統計ソフトウェアについて触れ，最後に5.5節でまとめを行う．

5.1 多重補完法とは

5.1.1 概論

　多重補完法（Rubin, 1987）は，ベイズ理論に基づき欠測値に何らかの値を補完する手法であり，補完のモデルがいくつかの条件を満たせば，欠測メカニズムがMARの下で妥当性をもつ手法である．第3章で解説した欠測値への単一値補完法が推定量の標準誤差を過小評価する点を補正するために，欠測値の事後予測分布からのランダム抽出を通じて欠測値への補完をm回繰り返す．つまり，擬似的な完全データをm組作成する．このm回の補完を通じて，欠測値への補完に伴う不確実性を定量化でき，それを最終的な推定量の標準誤差の推定に反映する．これにより，多重補完法では，推定量の標準誤差を漸近的に偏りなく推定できる．近年のコンピュータの性能の向上および多くの統計ソフト（例：SAS, R, STATA, SOLAS）で多重補完法が標準的に実行可能となったため，近年，その適用事例が増えている．多重補完法の手順は，図5.1に示すように，簡便な「補完」，「解析」，「統合」の3ステップで構成される．

5. 多重補完法

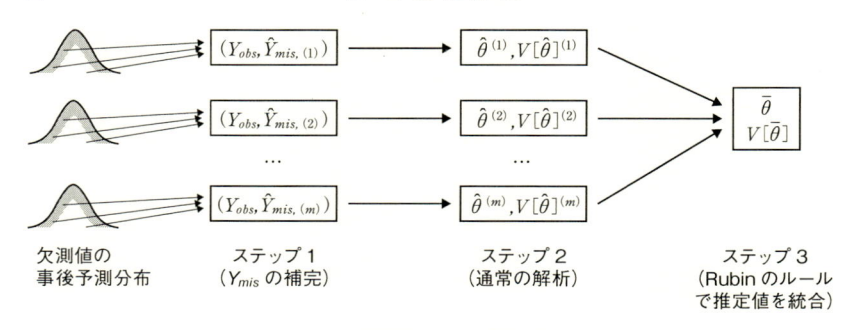

```
欠測値の          ステップ1           ステップ2          ステップ3
事後予測分布      (Y_mis の補完)      (通常の解析)      (Rubin のルール
                                                      で推定値を統合)
```

$(Y_{obs}, \hat{Y}_{mis,(1)}) \rightarrow \hat{\theta}^{(1)}, V[\hat{\theta}]^{(1)}$

$(Y_{obs}, \hat{Y}_{mis,(2)}) \rightarrow \hat{\theta}^{(2)}, V[\hat{\theta}]^{(2)}$

$(Y_{obs}, \hat{Y}_{mis,(m)}) \rightarrow \hat{\theta}^{(m)}, V[\hat{\theta}]^{(m)}$

$\bar{\theta}$, $V[\bar{\theta}]$

図 5.1　多重補完法の手順の概念図

各ステップの概略を以下に記す.

多重補完法の 3 つのステップ

1) 補完ステップ：補完モデルを用いて生成した欠測値の事後予測分布から m 組のランダムな予測値を欠測に補完し，擬似的な完全データを m 組作成する
2) 解析ステップ：m 組のデータを標準的な統計手法で m 回解析する
3) 併合ステップ：m 組の解析結果を統合する

---

3 つのステップの中で最重要なのは，補完ステップである．補完ステップでは，データの解析者が作成した補完モデルを用いて，ベイズ理論に基づく欠測値の事後予測分布を生成する．そして乱数を用いて，事後予測分布からランダムな補完値の集合を m 組生成する.

多重補完法の残りの 2 ステップは，ある意味で自動的な作業である．解析ステップでは，解析者が定めた解析モデル（線形モデル，ロジスティック回帰モデル，Cox 回帰などの標準的な統計手法）を用いて m 組の擬似的な完全データを解析し，その結果を後述の公式を用いて統合する．そして最終的に統合されたパラメータ推定値とその標準誤差に基づき統計的推測を行う.

多重補完法の手順は第 4 章で解説した EM アルゴリズムの直感的な手順と似ている．EM アルゴリズムは，

0) Y_{mis} に初期値を補完し，$\hat{\theta}$ を計算する
1) $\hat{\theta}$ を用いて Y_{mis} に予測値を補完する

2) Y_{obs} と Y_{mis} の補完値から $\hat{\theta}$ を計算する

という手順における 1) と 2) の反復を通じ，最尤推定量の収束解を得るものであった（正確には，欠測への補完は行わないが実質的に同様の考え方に基づく）．両手法は，EM が欠測値の条件付き期待値の式を通じて予測値を明示的に計算する再帰的なアルゴリズムであるのに対して，多重補完法はベイズ理論に基づき生成した欠測値の事後予測分布からの複数のランダムな補完値の抽出を通じて事後予測分布を近似する点で欠測値への対処法が異なる．

大標本で補完の回数が十分多ければ，多重補完法で EM のような最尤法を近似できる．ただし，EM アルゴリズムは問題ごとに E ステップの明示的な式（例：欠測値の低次のモーメント）を導出しプログラミングする必要があるのに対して，多重補完法は補完モデルの指定のみが必要であり，汎用性とプログラミング効率が高いという長所をもつ．

なお，臨床試験の分野では，前述の欠測値の扱いに関するガイドライン（Little et al, 2012）において，多重補完法は好ましい統計手法の 1 つとして名前が挙げられている．ただし，繰り返しになるが，多重補完法を正しく実行するためには，補完モデルを注意深く作成することが必要であり，不適切な補完モデルを使用した場合，多重補完法が complete-case 解析よりも性能が劣る場合もある（White et al, 2012）．

5.1.2　定式化

次に，多重補完法の手順を定式化する．

（1）補完ステップ

補完ステップでは，データが欠測している変数の型ごとに使用できる補完法が異なるため，使用する補完モデルを選ぶ（詳細は，5.2 節を参照）．パラメトリックな補完法では，パラメータと欠測値の 2 つの事後（予測）分布を考え，まずパラメータの事後分布からランダム抽出を行い，その抽出値を与えた下で欠測値の事後予測分布から欠測への補完値をランダムに抽出するという 2 段階の抽出を通じて m 組の擬似的な完全データセットを作成する．なお，補完モデルの誤特定に対してより頑健性の高いノンパラメトリックなマッチングベースの補完法も提案されている．

(2) 解析ステップ

解析ステップでは，m 組の擬似的な完全データを標準的な統計手法を用いて m 回解析し，パラメータ推定値 $\hat{\theta}^{(l)} = \hat{\theta}(Y_{obs}, Y_{mis}^{(l)})$ とその分散 $V^{(l)} = V(Y_{obs}, Y_{mis}^{(l)})$ $(l=1, \ldots, m)$ を得る．

(3) 統合ステップ

解析ステップで得た m 個の解析結果を統合する．パラメータの統合推定量は，

$$\bar{\theta} = m^{-1} \sum_{l=1}^{m} \hat{\theta}^{(l)} \tag{5.1}$$

で計算する．$\bar{\theta}$ の分散は，補完内分散 $\bar{V} = m^{-1} \sum_{l=1}^{m} V^{(l)}$ および補完間分散 $B = (m-1)^{-1} \sum_{l=1}^{m} (\hat{\theta}^{(l)} - \bar{\theta})^2$ の和，

$$T = \bar{V} + (1 + m^{-1})B \tag{5.2}$$

により推定する．ここで，$(1+m^{-1})$ は補完が有限回であることに対する修正項である．(5.2) の導出法を Rubin の方法（Rubin's rule）と呼ぶこともある．θ に関する統計的推測では，$H_0: \bar{\theta} = \theta$ の下での t-近似

$$\frac{\bar{\theta} - \theta}{\sqrt{T}} \sim t_v \tag{5.3}$$

を使用する．ここで，自由度は，

$$v = (m-1)\left(1 + \frac{1}{r}\right)^2 \tag{5.4}$$

であり，m と $r = (1+m^{-1})B/\bar{U}$ の関数で表現される．r は欠測への複数回の補完間変動の補完内変動に対する比であり，欠測への補完の不確実性に伴う分散の相対的な増加を表す．多重補完法でもう一つ重要な統計量として，欠測した情報の比率（fraction of missing information, FMI）の推定量

$$\hat{\lambda} = \frac{r + 2/(v+3)}{r+1} \tag{5.5}$$

がある．この統計量を用いて，標準偏差の尺度上での，∞ 回の補完に対する m 回の補完の相対効率（%）は

$$RE = \left(1 + \frac{\hat{\lambda}}{m}\right)^{-1/2} \tag{5.6}$$

で表される．表 5.1 に，欠測した情報の比率ごとの補完回数 m の相対効率を示す．欠測した情報の比率が極端でなければ少数個（$m=5\sim10$）の補完で十

表5.1 欠測の割合ごとの補完回数 m の相対効率（%，標準偏差の尺度）

m	欠測情報の割合（$\bar{\lambda}$）								
	0.1	0.2	0.3	0.4	0.5	0.6	0.7	0.8	0.9
1	95	91	88	85	82	79	77	75	73
2	98	95	93	91	89	88	86	85	83
3	98	97	95	94	93	91	90	89	88
5	99	98	97	96	95	94	94	93	92
10	99	99	99	98	98	97	97	96	96
∞	100	100	100	100	100	100	100	100	100

分な効率が得られる．ただし，コンピュータの性能が向上した現在ではより多くの補完を行い，推定値の安定性と効率を高めることが望まれる．また，Barnard and Rubin（1999）は，(5.4) の v に対して小標本の場合の修正自由度を

$$v_m^* = \left(\frac{1}{v} + \frac{1}{\hat{v}_{obs}} \right)^{-1} \tag{5.7}$$

で与えた．ここで，$\hat{v}_{obs} = (1-\gamma)v_0(v_0+1)/(v_0+3), \gamma = (1+m^{-1})B/T$ であり，v_0 は完全データの自由度である．

なお，上記の多重補完法の統合ステップは，パラメータがスカラーの場合を記したが，一般には多次元の場合が多い．以下に，パラメータがベクトルの場合の手順を示す．

統合ステップ2（パラメータがベクトルの場合）

解析ステップで得た m 個の解析結果を統合する．パラメータベクトルの統合推定量は，

$$\bar{\boldsymbol{\theta}} = m^{-1} \sum_{l=1}^{m} \hat{\boldsymbol{\theta}}^{(l)} \tag{5.8}$$

で計算する．ただし，$\hat{\boldsymbol{\theta}}^{(l)}$ は第 l 回目の解析から得たパラメータ推定値ベクトルである．$\bar{\boldsymbol{\theta}}$ の分散共分散行列は，$\hat{\boldsymbol{\theta}}^{(l)}$ の分散共分散行列 $\boldsymbol{V}^{(l)}$ の平均である補完内の分散共分散行列

$$\bar{\boldsymbol{V}} = m^{-1} \sum_{l=1}^{m} \boldsymbol{V}^{(l)} \tag{5.9}$$

および，補完間の分散共分散共列

$$\boldsymbol{B} = \frac{1}{m-1} \sum_{l=1}^{m} (\hat{\boldsymbol{\theta}}^{(l)} - \bar{\boldsymbol{\theta}})(\hat{\boldsymbol{\theta}}^{(l)} - \bar{\boldsymbol{\theta}})^T \tag{5.10}$$

の重み付き平均

$$V[\bar{\theta}] = \bar{V} + \left(1 + \frac{1}{m}\right)B \tag{5.11}$$

で推定できる．

5.1.3 理論的背景

ベイズ理論に基づく多重補完法の無視可能な欠測メカニズムは MAR である．第 2 章で述べたように，MAR の下では観察されたデータ Y_{obs} のみに基づくパラメータ θ の事後分布 $f(\theta|Y_{obs})$ を考えればよい．多重補完法では，

$$f(\theta|Y_{obs}) = \int f(\theta|Y_{obs}, Y_{mis}) f(Y_{mis}|Y_{obs}) dY_{mis} \tag{5.12}$$

に基づいて事後分布を近似する．つまり，完全データに基づく θ と Y_{mis} の同時事後分布 $f(\theta, Y_{mis}|Y_{obs})$ を局外パラメータ Y_{mis} に関して積分することにより，$f(\theta|Y_{obs})$ を得る．具体的には，以下の補完ステップに示す Y_{mis} の事後分布から m 回のランダム抽出を行い，各 Y_{mis} を与えた下でのパラメータ θ の推定値を計算し，統合ステップで最終的なパラメータの統合推定値 $\bar{\theta}$ を得ることを意味する．以下に，多重補完法の補完ステップと統合ステップの理論的背景を解説する．

（1）補完ステップ

多重補完法の補完ステップは，(5.12) の右辺の欠測値の事後予測分布 $f(Y_{mis}|Y_{obs})$ から m 組の補完値の組をランダムに抽出するステップである．実際には，欠測値の事後予測分布は

$$f(Y_{mis}|Y_{obs}) = \int f(Y_{mis}|Y_{obs}, \theta) f(\theta|Y_{obs}) d\theta \tag{5.13}$$

のように，更に分解される．つまり，(1) パラメータ θ をその事後分布 $f(\theta|Y_{obs})$ からランダム抽出し，(2) 抽出した θ を与えた下での欠測値 Y_{mis} の事後予測分布 $f(Y_{mis}|Y_{obs}, \theta)$ から Y_{mis} をランダム抽出する．という 2 段階のランダム抽出の反復により欠測値の事後予測分布 $f(Y_{mis}|Y_{obs})$ を近似する．多重補完法では，このように 2 回の抽出にそれぞれ誤差的なバラツキを与えることにより，欠測値への補完に伴う不確実性を表現し，パラメータ推定値の標準誤差の過小評価を防ぐ．

図 5.2 に 2 段階の事後分布からのランダム抽出の概念図を示す．ここで，(a) は回帰パラメータ（切片と傾き）の抽出であり，(b) は欠測値への補完値の抽出である．これはデータに正規分布を仮定するパラメトリックな方法

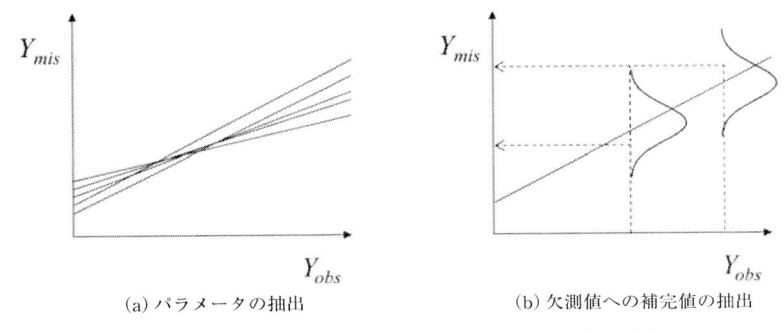

図 5.2 多重補完法の欠測値のランダム抽出（2 段階）の要約

(a) パラメータの抽出　　(b) 欠測値への補完値の抽出

（ベイズ回帰法）の例である（5.2 節を参照）．

(2) 統合ステップ

統合ステップは，それら m 組の Y_{mis} の補完値を通じて，パラメータ θ の平均化を行うステップである．補完ステップの後，解析ステップでは完全化された m 組のデータを標準的な統計手法を用いて解析し，統合ステップにおいて，m 組のパラメータの点推定値と分散の推定値を統合する．多重補完法の併合ステップは，以下の条件付き分布のモーメントに関する公式に基づく．

$$E[\theta|Y_{obs}] = E[E[\theta|Y_{obs}, Y_{mis}]|Y_{obs}] \tag{5.14}$$

$$V[\theta|Y_{obs}] = E[V[\theta|Y_{obs}, Y_{mis}]|Y_{obs}] + V[E[\theta|Y_{obs}, Y_{mis}]|Y_{obs}] \tag{5.15}$$

ここで確率変数は Y_{mis} であり，(5.14) は，パラメータの統合推定値が m 回の補完ごとに得たパラメータ推定値の標本平均で推定でき，(5.15) は統合されたパラメータ推定値の分散が，補完内のパラメータ推定値の分散の平均とパラメータ推定値の m 回の補完間の分散の和で推定できることを意味する．(5.2) の多重補完法における統合推定量の分散 T の推定では，補完が有限回であることに起因する補正項 $(m+1)/m$ を補完間分散の推定量 B に掛けている．

5.2 補完モデル

本節では，多重補完法の補完ステップでよく使用されるベイズ理論に基づく

補完モデルについて解説する．補完する変数の型（連続型変数，2値変数，カテゴリカル変数），欠測のパターンあるいは補完モデルに含める共変量の型により，いくつかの補完モデルが提案されている．補完する変数の型については，変数の型が連続型の場合には，パラメトリックな補完法とノンパラメトリックな補完法が統計ソフトにより提供されていることが多い．

例えば，連続型の変数の欠測を補完する場合，欠測パターンが単調であれば，FCS（fully conditional specification）モデルのベイズ回帰法と予測平均マッチング法，あるいはノンパラメトリックな傾向スコア法などが使用される．一方，欠測パターンが非単調の場合は，FCSモデルの非単調な欠測パターン用のアルゴリズム MICE（multiple imputation by chained equations）あるいは，データに多変量正規分布を仮定するマルコフチェーン・モンテカルロ（MCMC）法が一般的である．ただし，統計ソフトウェア（およびバージョン）によっても使用可能な補完モデルが異なる．表 5.2 に，例として SAS（version 9.3）で使用できる補完モデルをまとめる．

以下に，それぞれの補完モデルごとに，手順をまとめる．まず，欠測のある変数が連続型であり，単調な欠測パターンの場合に使用できる3つの補完モデル（ベイズ回帰法，予測平均マッチング法，傾向スコア法）を紹介する．これらのモデルは，何らかの補完モデルを用いて，最も欠測が少ない変数への補完

表 5.2　多重補完法の主な補完モデルの要約（SAS version 9.3）

欠測パターン	データが欠測している変数の型	補完モデルの共変量の型	補完モデル
単調	連続型	任意	• FCS 法（単調なパターン） 　パラメトリック：ベイズ回帰法 　ノンパラ：予測平均マッチング 　ノンパラ：傾向スコア法
	2値データ（順序カテゴリカルデータ）	任意	• ロジスティック回帰補完法（比例オッズモデル補完法）
	名義カテゴリカルデータ	任意	• 一般化ロジットモデル補完法
非単調	連続型	連続型	• マルコフチェーン・モンテカルロ法
		任意	• FCS 法 　パラメトリック：ベイズ回帰法 　ノンパラ：予測平均マッチング 　ノンパラ：傾向スコア法

から始めて，順番に1変数ずつ欠測値への補完を行う方法である．

5.2.1 ベイズ回帰法（Rubin, 1987）

ベイズ回帰法は，パラメトリックな回帰モデルに基づく補完モデルであり，回帰パラメータと欠測値の2つの事後（予測）分布（詳細は Appendix C を参照）からのランダム抽出の反復を通じて欠測値を補完する．特に，回帰パラメータのランダム抽出では，回帰係数に加え誤差分散もランダム抽出し補完の不確実性を表現する．手順の詳細を以下に示す．

1) 変数 $Y_1, Y_2, \ldots, Y_p$ が単調な欠測パターンであるとき，Y_j の欠測を補完するために，$Y_1, Y_2, \ldots, Y_{j-1}$ および補完モデルの共変量に欠測がない個体に基づく CC 解析により，Y_j を結果変数とする回帰モデル $Y_j = \beta_0 + \beta_1 X_1 + \cdots + \beta_k X_k + e$ を当てはめ，回帰係数とその分散共分散行列の推定値 $\hat{\boldsymbol{\beta}} = (\hat{\beta}_0, \hat{\beta}_1, \ldots, \hat{\beta}_k), \hat{\sigma}_j^2 \boldsymbol{V}_j$ を得る．ここで，k は補完モデルのパラメータ数，$\hat{\sigma}_j^2$ は誤差分散の推定値で，$\boldsymbol{X}$ を切片と説明変数を並べた行列とするとき $\boldsymbol{V}_j = (\boldsymbol{X}^T \boldsymbol{X})^{-1}$ である．

2) 各パラメータを事後分布からランダム抽出する．
   (1) 誤差分散 σ_{*j}^2 については，自由度 $n_j - k - 1$ の χ^2 分布からのランダム抽出値 c を用い，$\sigma_{*j}^2 = \hat{\sigma}_j^2 (n_j - k - 1)/c$ を事後予測分布からのランダム抽出値とする．ここで，n_j は Y_j が観察された個体の数である．
   (2) 回帰係数ベクトル $\boldsymbol{\beta}_*$ を，事後予測分布 $N(\hat{\boldsymbol{\beta}}, \sigma_{*j}^2 \boldsymbol{V}_j)$ からのランダム抽出値 $\hat{\boldsymbol{\beta}}_*$ を用いて $\boldsymbol{\beta}_* = \hat{\boldsymbol{\beta}}_* + \sigma_{*j} \boldsymbol{V}_j^{1/2T} \boldsymbol{z}$ で計算する．ここで，$\boldsymbol{V}_j^{1/2}$ はコレスキー分解 $\boldsymbol{V}_j = (\boldsymbol{V}_j^{1/2})^T \boldsymbol{V}_j^{1/2}$ から得られる上三角行列であり，$\boldsymbol{z}$ は独立に標準正規分布に従う乱数を並べたベクトルである．

3) 個体 i の欠測値への補完値を，事後予測分布 $N(\boldsymbol{x}_i \boldsymbol{\beta}_*, \sigma_{*j}^2)$ からランダム抽出した値として，$\hat{Y}_{ij} = \boldsymbol{x}_i \boldsymbol{\beta}_* + \sigma_{*j} z_i$ で計算する．ここで，$\boldsymbol{x}_i$ は補完を行う個体 i の説明変数の行ベクトルであり，z_i は標準正規分布に従う乱数である．

手順1)～3)を $j = 2, \ldots, p$ に対して行い（少なくとも Y_1 に欠測はないものと

する)，補完値を1組作成する．これを独立にm回繰り返し，m組の補完値のセットを生成する．

5.2.2 予測平均マッチング法 (Heitjan and Little, 1991)

予測平均マッチング法は，前述のベイズ回帰モデルに基づき，変数Y_jの欠測値の予測値を個体ごとに計算するが，その予測値にランダム誤差を加えて補完するのではなく，予測値と近い実際に他の個体で観察されたY_jの値を補完する．実際に観察された値を補完するため，補完モデルの関数形が適切に指定されていない場合でも頑健であるノンパラメトリックな補完法である．手順の詳細を以下に示す．

---

1) ベイズ回帰法と同じ方法で，変数Y_jの欠測値への補完に関して，CC解析から得た誤差分散と回帰係数ベクトルの推定値$\hat{\sigma}_j^2, \hat{\beta}$に関して，それぞれの事後分布からのランダム抽出を通じて，新しい回帰パラメータσ_{*j}, β_*をシミュレートし，それを用いて個体iの欠測値の予測値を

$$\hat{Y}_{ij} = x_i \beta_*$$

で計算する．ここで，x_iは個体iの説明変数の行ベクトルである．

2) 個体iに対してY_jの欠測値の予測値と最も近い実際に観察されたY_jの値をもつ個体をk_0個選択し補完用の測定値の集合を作成する．

3) この補完用の測定値の集合からのランダム抽出により欠測値への補完値を作成する．

以上の1)～3)の手順を$j=2,\ldots,p$に対して行い，1組の補完値を作成する．これを独立にm回繰り返し，m組の補完値のセットを生成する．予測平均マッチング法では，解析者はk_0の値を注意深く選択する必要がある（SASのデフォルトは$k_0=5$である）．k_0を小さくし過ぎると補完値の間の相関が高くなりパラメータの点推定値のバラツキを過小評価し，k_0を大きくし過ぎると，補完モデルの意味が低下しパラメータにバイアスが生じる（Schenker and Taylor, 1996）．一方，補完を行う変数の正規性の仮定が成立しない場合は，ベイズ回帰法よりも予測平均マッチング法の方が好ましいという報告もある

(Horton and Lipsitz, 2001).

5.2.3 傾向スコア法（Lavori et al, 1995）

最後に，データが欠測している変数が連続型であり，単調な欠測パターンの場合の補完モデルとして，傾向スコア法を紹介する．通常，傾向スコア（Rosenbaum and Rubin, 1983）は，ある個体の共変量を与えたとき，その個体が処置群に割り付けられる確率と定義されるが（詳細は，Appendix A を参照），欠測に関する傾向スコアは，ある個体の共変量を与えたときにその個体の変数 Y_j が欠測する確率と定義される．手法のアイディアは，ある Y_j の欠測値に対して，その欠測確率が同じような別の個体の実測値 Y_j を補完するというもので，ノンパラメトリックな補完モデルである．手順の詳細を以下に示す．

> 1) 変数 Y_j の欠測の有無を表す確率変数 M_j を用い，各個体の Y_j が欠測する確率 $p_j = P(M_j = 1)$，つまり欠測の傾向スコアをロジスティック回帰モデル
> $$\mathrm{logit}(p_j) = \beta_0 + \beta_1 X_1 + \cdots + \beta_k X_k$$
> を用いて推定する．
> 2) 傾向スコアで昇順に並べた個体を k 個の層に分類する．
> 3) 層ごとに，Y_j が観察されている n_1 個の個体の測定値から復元抽出で n_1 個の補完用の測定値の集合を作成する．
> 4) 層ごとに，この大きさ n_1 の補完用の測定値の集合から n_0 個の Y_j の欠測値にランダムに値を復元抽出で補完する．なお，3)，4) の手順は，ベイズ回帰におけるパラメータと欠測値の事後分布からのランダム抽出に対応することから，ABB（approximate Bayesian bootstrap）補完法と呼ばれる．

手順 1)〜4) を $j = 2, \ldots, p$ に対して行い，1 組の補完値を作成する．これを独立に m 回繰り返し，m 組の補完値のセットを生成する．傾向スコア法における層数 k には 5 がよく使用される（例えば，SAS や SOLAS のデフォルトは 5 である）．傾向スコア法も補完モデルの誤特定に対して頑健であるが，Y_j と共

変量間の関連性の情報を使用できないという大きな短所があり，推測対象が回帰係数の場合や，特に共変量への補完では，回帰係数に深刻なバイアスが生じ得る（Allison, 2000）．

5.2.4　カテゴリカル変数に対する補完モデル

ここでは，データが欠測している変数がカテゴリカル変数の場合の補完モデルを紹介する．最初に，変数が2値変数の場合に使用できるロジスティック回帰モデルに基づく手法から解説する．

欠測変数が2値変数の場合

1) 欠測のある2値変数 Y_j が1となる二項確率 $p_j = P(Y_j=1)$ に関して，次のロジスティック回帰モデル
$$\mathrm{logit}(p_j) = \beta_0 + \beta_1 X_1 + \cdots + \beta_k X_k$$
を用いて回帰係数の推定値 $\hat{\boldsymbol{\beta}} = (\hat{\beta}_0, \hat{\beta}_1, \ldots, \hat{\beta}_k)$ とその分散共分散行列 V_j を得る．

2) 回帰係数の事後予測分布 $N(\hat{\boldsymbol{\beta}}, V_j)$ からのランダム抽出値を $\beta_* = \hat{\boldsymbol{\beta}} + (V_j^{1/2})^T \boldsymbol{z}$ により計算する．ここで，$V_j^{1/2}$ は $V_j = (V_j^{1/2})^T V_j^{1/2}$ のようなコレスキー分解から得られる上三角行列であり，$\boldsymbol{z}$ は独立に標準正規分布に従う乱数を並べたベクトルである．

3) 最後に，個体 i の Y_j が1となる確率を
$$\hat{p}_{ij} = \frac{1}{1 + \exp(-\boldsymbol{x}_i \boldsymbol{\beta}_*)}$$
で計算する．ここで，$\boldsymbol{x}_i$ は補完を行う個体 i の説明変数の行ベクトルである．そして，$(0, 1)$ の一様乱数 u_{ij} を生成し，$\hat{p}_{ij} \geq u_{ij}$ であれば Y_j に1を補完し，$\hat{p}_{ij} < u_{ij}$ であれば0を補完する．

手順 1)～3) を $j = 2, \ldots, p$ に対して行い，1組の補完値を作成する．これを独立に m 回繰り返し，m 組の補完値のセットを生成する．

欠測変数が順序カテゴリカル変数の場合

次に，データが欠測している変数が順序カテゴリカル変数の場合の補完モデルを紹介する．

1) データが欠測している順序カテゴリカル変数 Y_j が l 以下となる確率 $p_{jl} = P(Y_j \leq l)$ $(l=1,\ldots,L)$ に関して,次の比例オッズモデル
$$\text{logit}(p_{jl}) = \alpha_l + \beta_0 + \beta_1 X_1 + \cdots + \beta_k X_k$$
を用いて回帰係数の推定値 $\hat{\boldsymbol{\beta}} = (\hat{\alpha}_1, \hat{\alpha}_2, \ldots, \hat{\alpha}_{L-1}, \hat{\beta}_0, \hat{\beta}_1, \ldots, \hat{\beta}_k)$ とその分散共分散行列 V_j を得る.なお,比例オッズモデルは,Y_j をカットオフ値 l で 2 値変数にした場合,その変数が 1 となる確率に関して,各共変量 X のオッズ比がカットオフ値 l によらず一定であるモデルである(詳細は Hosmer et al(2013)を参照).

2) 回帰係数ベクトルの事後分布 $N(\hat{\boldsymbol{\beta}}, V_j)$ からのランダム抽出値を $\boldsymbol{\beta}_* = \hat{\boldsymbol{\beta}} + (V_j^{1/2})^T \boldsymbol{z}$ により計算する.ここで,V_j は $V_j = (V_j^{1/2})^T V_j^{1/2}$ のようなコレスキー分解から得られる上三角行列であり,$\boldsymbol{z}$ は独立に標準正規分布に従う乱数のベクトルである.

3) 最後に,個体 i の Y_j が 1 となる確率を
$$\hat{p}_{ijl} = \frac{1}{1 + \exp(-(\alpha_l + \boldsymbol{x}_i \boldsymbol{\beta}_*))}$$
で計算する.ここで,$\boldsymbol{x}_i$ は補完を行う個体 i の説明変数の行ベクトルである.そして,各個体に対して (0, 1) の一様乱数 u_{ij} を生成し,$u_{ij} < \hat{p}_{ij1}$ であれば $Y_j = 1$,$\hat{p}_{ijl-1} \leq u_{ij} < \hat{p}_{ijl}$ であれば $Y_j = l$,$\hat{p}_{ijL-1} \leq u_{ij}$ であれば $Y_j = L$ を補完する.

以上の 1)~3) の手順を $j = 2, \ldots, p$ に対して行い,1 組の補完値を作成する.これを独立に m 回繰り返し,m 組の補完値のセットを生成する.

5.2.5 MICE 法

MICE(multiple imputation by chained equations)は,van Buuren and Oudshoorn(2000)により提案された多重補完法の補完法の 1 つであり,変数ごとに補完モデルを考え,各変数に対して逐次的に補完を行うため,非単調あるいは様々な型の変数の欠測に対応できる柔軟性の高い方法である.FCS(fully conditional specification)(van Buuren, 2007)や sequential regression multivariate imputation(Raghunathan et al, 2001)と呼ばれることもある.

統計ソフトに関しては，例えば，SAS の MI プロシジャ（FCS ステートメント）や R の MICE 関数により実行可能である．欠測値への補完に際しては，データが欠測している変数ごとに補完モデルを考え，欠測パターンが単調な場合と同様，パラメータ θ および欠測値 Y_{mis} の各事後（予測）分布からの2段階のランダム抽出を行い，欠測値を補完する．

欠測パターンが単調な場合のベイズ回帰法や予測平均マッチング法も FCS の一手法であるが，FCS は欠測パターンが非単調な場合にその真価を発揮するため，ここでは非単調な欠測パターンに対する FCS（MICE）の手順を解説する．

欠測パターンが非単調な場合の MICE の補完手順

MICE を用いて，$Y_1, Y_2, \ldots, Y_p$ の欠測への補完値を生成する手順を以下に示す．大きく分けると，(1) 欠測に初期値を補完する（filled-in フェーズ）と (2) ベイズ理論に基づき，変数ごとに正式な予測値を補完する（imputation フェーズ），の2ステップで構成される．

1) すべての欠測値に対して，初期値を補完する．初期値の補完は，変数ごとに復元抽出で補完する方法（White et al, 2011）や，解析ソフトで指定した変数の並びの順（ここでは，$Y_1, Y_2, \ldots, Y_p$ とする）に例えば，変数 Y_j の初期値の補完は，Y_j が欠測していない個体のみを用いて，前述の単調な欠測パターンのベイズ回帰で初期値を1つ補完する方法などがある（SAS MI プロシジャ）．いずれにせよ，これは初期値の補完であり，多くの場合，推定値への影響は小さい．
2) 変数ごとに正式な補完を行う．変数 Y_j の欠測値の補完は，
   (1) Y_j が欠測していない個体のデータのみを用いて，パラメータ θ（線形回帰型の補完法の場合，回帰係数と誤差分散）を変数 Y_j 以外のすべての変数を与えた下での事後分布からランダム抽出する．
   (2) ランダム抽出されたパラメータを与えた下での欠測値の事後予測分布から欠測への補完値をランダム抽出する．
   の手順で行い，この手順を変数の並びの順に Y_p まで繰り返す．
3) 手順2)を1回行うことを1サイクルと呼ぶ．通常，安定した欠測値

への補完値を得るために，手順 2) を 10〜20 サイクル実施し，1 組の補完値を作成する．これを独立に m 回繰り返し，m 組の補完値の集合を生成する．

MICE では，後述のマルコフチェーン・モンテカルロ法のようにデータが欠測している変数の同時分布の情報を明示的に用いず，欠測への補完を行う変数ごとに条件付き分布のみをモデル化し補完するため，データが欠測している変数が連続型変数およびカテゴリカル変数の両方を含む場合にも適用できる．この点が MICE（あるいは FCS）の最大の魅力である．なお，FCS では欠測の変数の同時分布は使用しないが，同時分布が存在することは仮定する．また，MICE は，ad hoc な手法であるために，その理論的な正当性は厳密には証明されていないという短所をもつが，経験的なシミュレーション研究に基づき，次項で解説するマルコフチェーン・モンテカルロ法などと比べ性能に大差はないことが報告されている（White et al, 2011）．

5.2.6　マルコフチェーン・モンテカルロ法

マルコフチェーン・モンテカルロ法（Markov chain Monte Carlo, MCMC）は，マルコフチェーン（あるいはマルコフ連鎖と呼ぶ）を通じて，関心のある確率分布からの擬似的なランダムな抽出値を作成する一般的な方法論である．

確率変数の系列 $\{Y^{(t)}\}$（$t=1, 2, \ldots, T$）において，時点 t での $Y^{(t)}$ の確率分布が系列の 1 時点前の値にのみに依存する場合，つまり，

$$f(y^{(t)}|y^{(t-1)}, y^{(t-2)}, \ldots, y^{(1)}) = f(y^{(t)}|y^{(t-1)}) \tag{5.16}$$

が成り立つ場合，確率過程 $\{Y^{(t)}\}$ はマルコフ性をもつという．そして，$\{Y^{(t)}\}$ の確率分布が時点によらず同一であり（この条件を定常性という），$\{Y^{(t)}\}$ のとり得る値の集合が離散的である場合，$\{Y^{(t)}\}$ はマルコフチェーンであるという．ただし，マルコフチェーンは連続型の確率分布にも拡張できる．MCMC では，系列 $\{Y^{(t)}\}$ が安定するように十分に長いマルコフチェーンを生成すれば，それは推測の目的である確率分布からのランダム抽出値とみなせる（詳細は，岩崎（2004）などを参照）．多重補完法における MCMC は，マルコフチェーンの生成を通じて，欠測値の事後予測分布からのランダム抽出を行う．

欠測データの統計解析で使用される MCMC の代表的なアルゴリズムは，データ・オーグメンテーション法（data augmentation：Tanner and Wong, 1987）およびギブスサンプリング法（Gibbs sampling：Geman and Geman, 1984；Gelfand and Smith, 1990）である．前者は後者の特別な場合である．両手法の基本的な考え方は，何らかの同時分布からのランダム抽出が困難な際，条件付き分布からの無作為抽出の反復を通じて，同時分布を近似するというものである．データ・オーグメンテーション法は，ベイズ理論の枠組みで MCMC を利用するもので，以下に示す I（imputation）ステップと P（posterior）ステップの2つの無作為抽出の反復により，θ と Y_{mis} のマルコフチェーンを生成するアルゴリズムである．

(1) データ・オーグメンテーション法の反復計算

$$\begin{aligned} \text{I ステップ：} & \quad Y_{mis}^{(t+1)} \sim f(Y_{mis}|Y_{obs},\theta^{(t)}) \\ \text{P ステップ：} & \quad \theta^{(t+1)} \sim f(\theta|Y_{obs},Y_{mis}^{(t+1)}) \end{aligned} \tag{5.17}$$

つまり，I ステップは，反復 t におけるパラメータ推定値を与えた下での欠測値の事後予測分布から予測値をランダム抽出するステップであり，P ステップは，欠測値の予測値を含むデータを与えた下でのパラメータの事後分布からパラメータを抽出する．この反復により，パラメータ推定値の収束解を得る．データ・オーグメンテーション法は統計ソフト SAS の多重補完法などで使用されている．

一方，ギブスサンプリングは以下のような p 個の条件付き分布からの無作為抽出の反復により $Y_1, Y_2, \ldots, Y_p$ のマルコフチェーンを生成する手法である．

(2) ギブスサンプリング法の反復計算

$$\begin{aligned} Y_1^{(t+1)} & \sim f(Y_1|Y_2^{(t)}, Y_3^{(t)}, \ldots, Y_p^{(t)}) \\ Y_2^{(t+1)} & \sim f(Y_2|Y_1^{(t+1)}, Y_3^{(t)}, \ldots, Y_p^{(t)}) \\ & \cdots \\ Y_p^{(t+1)} & \sim f(Y_p|Y_1^{(t+1)}, Y_2^{(t+1)}, \ldots, Y_{p-1}^{(t+1)}) \end{aligned} \tag{5.18}$$

$p=2$ の場合，ギブスサンプリング法はデータ・オーグメンテーション法と本

質的に等しい．つまり，Y_{obs} を与えた条件付き分布の下で，$Y_1 = Y_{mis}, Y_2 = \theta$ の場合である．

マルコフチェーン・モンテカルロ法の具体的な手順は，Schafer (1997) に詳しい．データの同時分布が多変量正規分布のモデルや，多項分布モデルや対数線形モデルの場合のアルゴリズムが示されている．ここでは，多変量正規分布モデルの手順を示す．なお，多くの統計ソフトにおいて，多重補完法のマルコフチェーン・モンテカルロ法は，多変量正規分布の場合しか使用できないことが多い．

(3) マルコフチェーン・モンテカルロ法（多変量正規分布の場合）

MCMC で最もよく使用される，データが多変量正規分布に従う場合の手順を示す．

1) I ステップ

I ステップでは欠測値への補完を行う．データ $Y = (Y_1, Y_2)$ の平均ベクトルを $\mu = (\mu_1^T, \mu_2^T)^T$，分散共分散行列を

$$\Sigma = \begin{bmatrix} \Sigma_{11} & \Sigma_{12} \\ \Sigma_{12}^T & \Sigma_{22} \end{bmatrix} \tag{5.19}$$

とすると，Y_1 を与えたときの Y_2 の条件付き分布の平均と分散共分散行列は，多変量正規分布の条件付き分布の性質より，

$$\begin{aligned} \mu_{2 \cdot 1} &= \mu_2 + \Sigma_{12}^T \Sigma_{11}^{-1}(y_1 - \mu_1) \\ \Sigma_{22 \cdot 1} &= \Sigma_{22} - \Sigma_{12}^T \Sigma_{11}^{-1} \Sigma_{12} \end{aligned} \tag{5.20}$$

となる．Y_1 を Y_{obs}, Y_2 を Y_{mis} とおくと，Y_{obs} を与えたときの欠測値 Y_{mis} の条件付き分布の平均と分散共分散行列となる．詳細な計算は，SWEEP オペレーター (Goodnight, 1979) などの行列演算関数を用いて行う．

2) P ステップ

P ステップでは，欠測への補完で用いるパラメータの事後分布を求める．Y を n 人の個体の p 個の変数を並べた $n \times p$ のデータ行列とし，p 個の変数が多変量正規分布 $N(\mu, \Sigma)$ に従うとする．Y の要素から各変数の標本平均を引いたものを Y^* とすると，標本偏差積和行列 $(n-1)S = Y^{*T} Y^*$ はウィシャート分布 $W(n-1, \Sigma)$ に従う．このとき，平均と分散共分散行列に無情報事前分布を

用いると，各パラメータの事後分布は

$$\boldsymbol{\Sigma}^{(t+1)}|\boldsymbol{Y} \sim W^{-1}(n-1,(n-1)\boldsymbol{S}) \tag{5.21}$$

$$\boldsymbol{\mu}^{(t+1)}|(\boldsymbol{\Sigma}^{(t+1)},\boldsymbol{Y}) \sim N\left(\bar{\boldsymbol{y}},\frac{1}{n}\boldsymbol{\Sigma}^{(t+1)}\right) \tag{5.22}$$

となる．ここで，$\bar{\boldsymbol{y}}$ は各変数の標本平均を並べたベクトルで，W^{-1} は逆ウィシャート分布（ウィシャート分布に従う確率変数行列の逆行列の分布）である．ウィシャート分布は χ^2 分布を多変量の場合に拡張したものであるため，これらの事後分布は 5.2.1 項のベイズ回帰法を $\boldsymbol{Y}$ が p 変量の場合に拡張したものと解釈できる．

以上の I ステップと P ステップの反復を通じてマルコフチェーンを生成し，最終的な欠測値の事後予測分布からのランダム抽出値を得る．

(4) マルコフチェーン・モンテカルロ法に関連する事項

以下に，MCMC に関連する事項をまとめる．

1) 多変量正規分布

多くの統計ソフトが提供するマルコフチェーン・モンテカルロ法は，上述のように Y_{obs} を与えた下での Y_{mis} の条件付き分布に多変量正規分布を仮定するものが大半である．つまり，FCS のように連続型の変数とカテゴリカルな変数の欠測値への補完を同時に行うことはできない．

2) 事前分布

マルコフチェーン・モンテカルロでは，ベイズ理論に基づきパラメータと欠測値の事後（予測）分布を生成する際，事前分布を指定する必要がある．多くの場合，事前分布の情報は少ないため，無情報の共役事前分布を使用することが多い．

3) burn-in 回数

マルコフチェーン・モンテカルロでは反復計算の開始前に一定回数の反復を行い，パラメータを安定化させ，それから正式な反復を開始する．この正式な反復の前の反復計算を burn-in といい，プログラムごとに一定の回数を行う．例えば，マルコフチェーン・モンテカルロ法としてデータ・オーグメンテーションを用いる SAS では正式な初回の反復開始前に 200 回の burn-in を行い，各補完の間に 100 回の反復を行う．また，1 本のマルコフチェーンのみを生成する単一チェーン（single chain）を用いる．無情報事前分布の EM アルゴリ

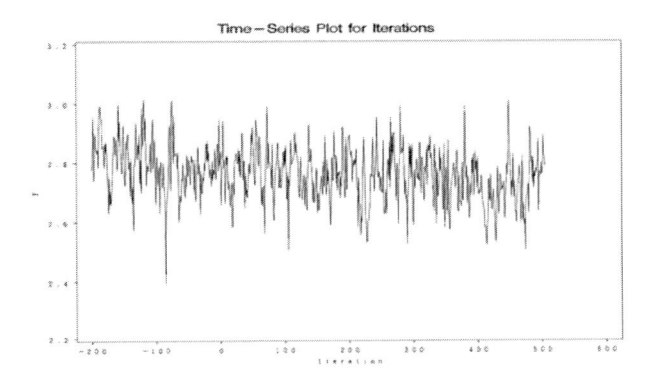

図 5.3 マルコフチェーン・モンテカルロ法により生成されたパラメータ推定値の推移

ズムにより計算した事後モードをチェーンの初期値とする．そして，各反復において，I ステップでは，パラメータを与えた下での欠測値の条件付き分布から欠測値をランダム抽出し，P ステップでは，欠測値を与えた下でのパラメータの条件付き分布からパラメータをランダム抽出する．

4) 収束性のチェック

図 5.3 は，マルコフチェーン・モンテカルロ法における各反復を通じたパラメータ推定値の推移図である．マルコフチェーンの生成を通じてパラメータが適切に収束しているか否かを視覚的にチェックすることは重要である．図 5.3 では，反復を通じてパラメータ推定値に何らかの傾向性はみられず，パラメータの中心や変動はほぼ同様であるため，反復を通じてパラメータが収束していることがわかる．

5) 単調な欠測パターンの作成

第 4 章で述べたように，欠測のパターンが単調な場合は，反復を必要としない最尤法などを使用できる．このため，MCMC を提供する統計ソフトの多くは，MCMC によりすべての欠測値を完全に補完する方法の他に，単調な欠測パターンとなるように欠測値の一部を補完するような機能をもつ．

例題 5.1 **経時的な臨床試験データ**　ここでは，第 1 章で紹介した経時的な臨床試験 (Nakajima et al, 2012) のデータを考える．この臨床試験では，ある種の薬剤に対して効果がみられなかったうつ病の患者をその薬剤を継続する

(a) 対照群　　　　　　　　　　　　(b) 処置群

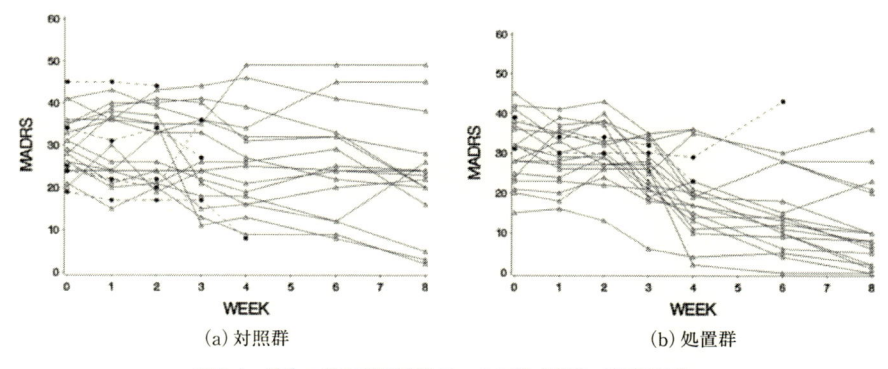

図 5.4　抗うつ薬の臨床試験データの例（点線：脱落症例）

Treatment	ID	V1	V2	V3	V4	V5
1	4	9	12	10	21	21
1	5	−1	4	1	4	4
1	6	−1	−8	−12		
1	7	−3				
			...			

図 5.5　多重補完法に用いるデータセットの型

群（対照群）と別の薬剤に変更する群（処置群）のいずれかにランダム化した．結果変数は，うつ病の程度を測る症状点数（MADRS）のベースライン（処置前）からの変化量とした．図 5.4 は，各群の MADRS の経時的な推移を表す．このとき，患者が症状の悪化などにより研究から脱落することによって生じるデータの欠測が問題となる．ここでは，多重補完法を用いて欠測に値を補完する．

このような経時測定データに対して多重補完法を行う際は，図 5.5 のような横型のデータセットが必要である．そして，補完を行う際は，例えば，単調な欠測パターンに対する方法では，時点 j の MADRS の欠測への補完は時点 $1,\ldots,j-1$ の MADRS の値を補完モデルの共変量とし，非単調なパターンの場合は，時点 j 以外のすべての時点の MADRS のデータを共変量とする．

また，ここではベースラインからの変化量に正規分布を仮定し，治療群ごとに変化量に対して多重補完法（$m=100$）を行った．なお，図 5.5 では，変数 V1〜V5 が 5 つの時点における変化量を表し，例えば V5 が最終時点である 8

5.2 補完モデル

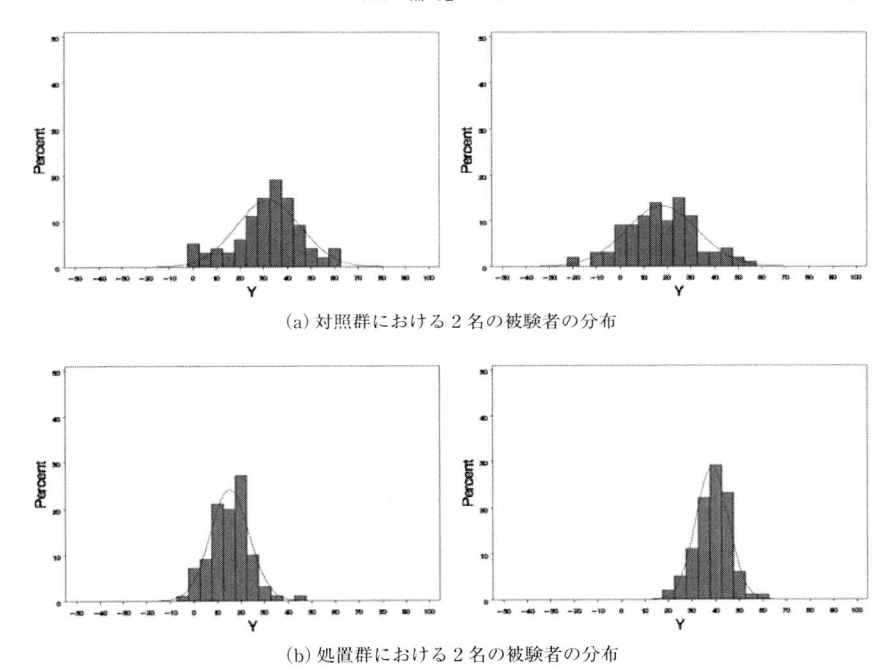

(a) 対照群における 2 名の被験者の分布

(b) 処置群における 2 名の被験者の分布

図 5.6　多重補完法における最終時点の欠測値への $m=100$ 組の補完値の分布

表 5.3　解析法ごとの最終時点における MADRS のベースラインからの平均変化量の治療群間の差およびその 95% 信頼区間

解析手法	群間差の推定値	標準誤差	95% 信頼区間
CC 解析	−12.25	4.22	(−21.0, −3.5)
AC 解析	−11.94	3.81	(−19.7, −4.2)
MI-MCMC[#]	−10.43	4.26	(−19.1, −1.7)
MI-BLS[$]	−10.51	4.32	(−19.3, −1.7)
MI-PMM[§]	−10.89	3.53	(−18.1, −3.7)

[#]：MI（マルコフチェーン・モンテカルロ），[$]：MI（ベイズ回帰法），[§]：MI（予測平均マッチング法）

週時の変化量である．このように変化量に関して直接値を補完したのは，変化量間の相関を保存するためである（次節の多重補完法の留意点を参照）．

一方，図 5.6 は，各処置群の 2 名の被験者に対する最終時点の欠測値への補完値（$m=100$）のヒストグラムである．ここでは，多重補完法において治療群ごとに補完モデルを作成しているため，群ごとに欠測データのバラツキが異

なることを許容していることがわかる．

表 5.3 に，最終時点における MADRS のベースラインからの変化量に関する，CC 解析，AC 解析，多重補完法の各種補完モデルから得た解析結果を示す．なお，本例題ではデータ数が少ないため，多重補完法の傾向スコアマッチング法は実施不可能であった．

MCAR を仮定する CC 解析と，MAR を仮定する多重補完法の解析結果に多少の差異が認められた．また，多重補完法は一般に推定値のバラツキが大きくなる（保守的な区間指定を行う）傾向があるが，本例題でも，単一値補完法のような推定精度の過大評価は生じず，CC 解析と同様の標準誤差を示した．なお，本例題のようにデータ数が少ない場合には，予測平均マッチング法は補完の間の推定値のバラツキが小さくなり，最終的な推定値の標準誤差が他の手法と比べ小さい値となることが多い．少数例のデータに対しては，多重補完法の予測平均マッチング法の使用は控えるべきである．

5.3　多重補完法を使う際の留意点

本節では，多重補完法を行う際のいくつかの留意点をまとめる．以下に White et al (2011) が示した多重補完法を行う際のガイダンスを紹介する．

多重補完法を行う際のガイダンス（White et al, 2011）
1) 補完モデルの共変量の選択
　　(1) 解析モデルの共変量と結果変数を補完モデルに含める
　　(2) データが欠測している共変量も補完モデルに含める
2) 補完モデルの関数形の選択
　　(1) 共変量と非線形な関係にある変数への補完には注意を要する
　　(2) 必要な場合は補完モデルに交互作用項を含める
　　(3) 適合性（congeniality）をもつ補完モデルを用いる
3) 補完の回数 m の決定方法
　　(1) m は，欠測した情報の比率×100 回で十分な場合が多い

ここで，1)および 2)は，補完モデルの作り方に関するもので，多重補完法を正しく行う上で最重要となる．3)は多重補完法を行う際，最も多い質問の1つであり，補完を何回行えば十分であるかという疑問である．以下に，各ガイダンスについて解説する．

なお以降，補完モデルと解析モデルの2つのモデルでそれぞれ共変量という用語を用いるが，前者は欠測を説明するための共変量であり，後者は結果変数を説明する共変量である．両者は明確に区別する必要がある．

5.3.1 補完モデルの共変量の選び方
(1) 結果変数を補完モデルに含める

多重補完法の補完モデルの共変量の選択に際しては，「観察されなかった欠測値自体および欠測発生の有無」の説明に有用なすべての変数を補完モデルに含めることが大原則となる．例えば，解析モデルに含める共変量 X の欠測に対する補完モデルには，その説明に有用な共変量に加え，「解析モデルの結果変数 Y を補完モデルに含めるべき」である．通常の解析モデルでは，「処置変数を施した後に収集された変数をモデルの共変量としてはならない」ため，このガイダンスは一見それに矛盾するように思われる．しかし，(i) 解析モデルにおける共変量は結果変数と関連性があることが多い．このため，欠測のある共変量の補完モデルに結果変数を含め，結果変数の条件付きで補完を行えば，欠測メカニズムが MAR に近づき多重補完法の妥当性が高まる．(ii) 同様の理由で，欠測した共変量への補完を結果変数の条件付きで行わないと，欠測値のある集団において，結果変数と値を補完された共変量が無相関となる．このため，解析モデルにおける結果変数とこの共変量の回帰係数が0となる方向にバイアスが入る．以上の2つの理由から，解析モデルの共変量の欠測の補完モデルには結果変数を含める必要がある．

［トピック］　生存時間データの解析モデルにおける共変量の欠測値への補完

第4章で紹介した生存時間データの解析では，生存時間 T と打ち切り変数 D の2つが結果変数となる．このとき，解析モデルにおける共変量の欠測への多重補完法を行う際は，補完モデルにそれらを含めるべきである．

White and Royston (2009) は，比例ハザードモデルにおいて共変量の欠測値への補完モデルには，打ち切り変数 d と対数生存時間 $\log(t)$ を含めると回帰係数が 0 の方向にバイアスが生じ，打ち切り変数 d と累積ベースラインハザード関数 $H_0(t)$ を含めることが適切であるとしている．なお，White and Royston の研究では共変量が 2 値変数 1 つの場合の比例ハザードモデルを考えているが，この結果はより複雑なモデルに対しても成り立つとしている．また，累積ベースラインハザード関数の推定には，Nelson-Aalen 推定量を使用できる．

$$H(t) = \sum_{t_j < t} \frac{d_j}{n_j} \tag{5.23}$$

ここで，n_j および d_j はそれぞれ，時点 t_j におけるリスク集合の大きさとイベント数である．つまり，(5.23) は時点 t までのハザード成分の和で累積ベースラインハザードを推定する．

[トピック] 補助変数 (auxiliary 変数) の利用

共変量の欠測への補完モデルの考え方とまったく同様に，結果変数の欠測への補完モデルの作成に際しても，欠測の説明に有用な補助変数 (auxiliary 変数) がある場合，それを補完モデルに含めるべきである．補助変数を補完モデルに含めることにより，欠測メカニズムを MAR に近づけることができ多重補完法の妥当性を高めることができる．このため，多重補完法の補完モデルを作成する際には，補助変数を補完モデルに含めるべきであるという意見が多い (例えば，Carpenter and Kenward (2013))．なお，補助変数は，「層別変数などの研究デザインで使用する変数とは無関係な変数で，被験者の特性を表すものである．また，処置前あるいは処置後のいずれの時点で収集されたものでもよく，欠測値の予測に有益な変数」として規定される．例えば，ある結果変数 Y の測定が高価である際，その代替としてより安価に測定できる評価項目などが挙げられる．臨床試験では，服薬状況や副作用の情報なども補助変数の一例である．

ただし，以上の原則は欠測値への補完モデル作成において適用されるものであり，当然，解析モデルの共変量に処置変数を施した後に測定されるような上記の変数を含めてはならないことを再度強調しておく．

(2) 不完全な共変量も補完モデルに含める

3.4節（欠測値への単一値補完法）で述べたが，欠測値への値の補完は多変量で行うべきである．共変量に用いる変数の一部に欠測値があったとしても，それが欠測の説明に有用な変数であれば，それを含める必要がある．それにより，補完モデルを改善でき，推定値の推定精度の向上が見込まれる．また，MARの前提条件の正しさを増すことができる．

(3) 補完モデルの共変量とデータが欠測している変数の相関

データが欠測している変数とある程度の相関をもつ変数は補完モデルに含めることにより，推定量のバイアスを低下し精度を高めることが期待される．一方，データが欠測している変数と相関しない変数を補完モデルに含めると，予測の誤差が増加し推定精度が低下する．これらはトレードオフの関係にあり，問題ごとにデータ数や変数の数を考慮して総合的に判断すべきである．また，多重補完法の理論（特にRubinの分散の計算）を厳密に正しいものとするためには，解析モデルに含める共変量は補完モデルにすべて含める必要がある（Meng（1994），Rubin（1996），Carpenter and Kenward（2013）の2.10節）．

5.3.2 補完モデルの関数形の選び方

(1) 非線形な関係をもつ変数への補完

データが欠測している変数と欠測を予測する共変量の関数が非線形である場合の補完モデルについて，White et al（2011）は3つの方法を紹介している．それは，（i）何らかの変換を用い，値が欠測している変数と共変量の間の関係を線形な関数関係にする方法，および（ii）予測平均マッチング法を用いることである．そして，前者には更に2種類の方法が考えられる．それは，(1) まず共変量と線形な補完値を作成しそれに非線形な変換を施して最終的な補完値を得る方法および，(2) 変数自体を別の変数と考え，直接その変数に補完値を作成する方法である．White et al（2011）では，それぞれpassiveな方法およびJAV（just another variable）法と呼んでいる．

（ii）の予測平均マッチング法はモデルの誤特定に対しても頑健であるが，（i）の2つの方法は状況により性能が異なる．例えば，共変量の2乗の関数である変数の欠測への補完を多変量正規分布の線形モデルを用いて，passiveな方法で行うとバイアスが多いことが報告されている（von Hippel, 2009）．特

に，欠測の変数が複数の変数の比で構成されるような場合，分母の変数に0に近い値を補完する可能性があると，passiveな方法は不安定な結果を与えるため使用すべきでない．例えば，QRISK試験（Hippisley-Cox et al, 2007）という臨床試験において，補完モデルに打ち切り変数を含めなかったことに加え，2つの変数の比で定義される変数に対して，passiveな方法で分母と分子の変数それぞれに正規分布を仮定して補完したところ，欠測の割合が非常に高い（約70％）こともあり誤った結論が導かれたとの報告がある．この場合，JAV法を用いて欠測への補完を行う方が適切であると考えられる．また，一般論として，30〜50％の値が欠測している変数に対して値の補完を行う場合には，細心の注意を払う必要がある．

(2) 補完モデルにおける交互作用項

解析モデルに交互作用項が含まれている際は，補完モデルに交互作用項を含めるべきである（これは以下に述べる補完モデルの適合性（congeniality）の条件を満たすために必要である）．また，図5.4の経時的な臨床試験データの例題で述べたように，処置群ごとに補完モデルを作成し補完する方法も考えられる．この場合，処置群ごとのデータのバラツキの違いなどを加味した欠測値への補完が可能であるという長所がある．

(3) 補完モデルの適合性（congeniality）

多重補完法が理論的によい性質をもつためには，補完モデルが適合性（congeniality）をもつ必要がある．補完モデルの適合性とは，解析モデルと補完モデルを含むより大きなモデルを考えるとき，解析モデルと補完モデルがそれら両方を包含する拡大モデルにおいて整合性をもつことをいう．例えば，解析モデルが線形モデルであれば，補完モデルにも線形モデルを用い，解析モデルに含まれる共変量と同じ変数を補完モデルに含める場合，補完モデルはcongenialityをもつ．そして，補完モデルが適合性をもてば理論的に，多重補完法から得たパラメータ推定値は最尤推定量と漸近的に等しいという好ましい性質をもつ（Meng, 1994）．しかし，現実には補完モデルが解析モデルよりも多くの共変量をもつ場合が多く（例えば，前述の補助変数を補完モデルに含める場合），そのような補完モデルは厳密には適合性をもたない．このとき，理論的には多重補完法のパラメータ推定値の一致性などは保証されないが，シミュレーション研究などにおいて，補助変数を含めることにより補完モデルが解析

モデルよりも多くの変数を含む場合でも統計学的な性能は良好であることが報告されている（Collins et al（2001）あるいは Carpenter and Kenward（2013）の 2.8 節）．また，多変量正規分布に基づく補完モデル（例えば，マルコフチェーン・モンテカルロ法）では，モデルが誤特定されている場合でも，多くの場合で解析結果に大きな影響が生じないことも報告されている（Schafer, 1997）．

5.3.3 補完の回数の決め方

5.1.1 項で述べたように，多重補完法の補完の回数 m は，推定値の分散に影響を及ぼし，欠測している情報の比率（FMI）にもよるが，補完の回数が少ないと推定精度が低下するため，一定数以上の補完を行い推定精度を高めることが好ましい．特に，コンピュータの性能が飛躍的に向上している現在では，補完の回数を増やすことのコストは高くない．White et al（2011）は，絶対的な基準ではないが多くの状況において，FMI（欠測した情報の比率（5.5））×100 回以上の補完が好ましいとしている．つまり，通常の場合，20～100 回程度の補完で十分であることが示唆される．また，補完回数を増やすことの大きなメリットは，研究の結果の再現性を確保できる点である．多重補完法はベイズ理論に基づくシミュレーションベースの方法であるため，少数回の補完の場合は解析結果に再現性がないが，補完数を一定以上にすれば乱数のシードが解析結果に与える影響を低減できる．

5.3.4 多重補完法の問題点

最後に，多重補完法の問題点を要約する．まず，多重補完法は欠測メカニズムに MAR を仮定する手法であるため，補完モデルの共変量を与えた下でも欠測の確率が欠測値の大きさ自体に依存する場合は妥当性をもたない．次に，比の指標への補完でも触れたように，多重補完法は補完モデルに大きな問題がある場合，その誤特定が解析結果に影響を与え得る．特に欠測の比率が大きい（例えば，30％以上）場合には，注意を要する．また，MICE は理論的な正当性が証明されておらず，特に条件付き分布から同時分布が復元できないような場合，補完の順序が結果に影響する可能性がある．また，変数が 2 値変数でデータに完全分離（例えば，共変量のある水準では変数の値がすべて 0 で，別

の水準では変数の値がすべて1のような状態を指す）が生じている場合，回帰係数が ∞ となり補完が不安定となる．また，MICE やマルコフチェーン・モンテカルロ法では，各サイクルでのパラメータの収束をチェックすることも重要である．

以上のように，多重補完法は MAR と補完モデルの正しさに基づく手法であり，それはデータから検証できないため，複数の補完モデルで結果に大きな差が生じないことを確かめるなどの感度分析が重要となる．

また，不適切な多重補完法はバイアスや精度の面で CC 解析よりも劣る結果を与えることがある（White et al, 2012）．ただし，多くの場面では，補完モデルを慎重に作成し適切に多重補完法を適用すれば，CC 解析よりもバイアスの小さい結果を与える．データの解析者は，他の統計手法と同じであるが，多重補完法を正しく理解し使用することが必要である．なお，研究において多重補完法を使用し結果を公表する際には，学術論文に手法を明確に説明することも重要である．学術論文における多重補完法の記載法に関するガイドラインは，Sterne et al（2009）に詳しい．

5.4 統計ソフトウェア

本節では，多重補完法の統計解析ソフトの使用法を紹介する．本書では，主に統計ソフト SAS のプログラミングコードを示す．まず，結果変数が連続型の場合の多重補完法のプログラミングから紹介する．

(1) 単調な欠測パターン（ベイズ回帰法）

SAS PROC MI を使用した解析（ベイズ回帰法）
```
PROC MI DATA=data0 SEED=1234321 OUT=out NIMPUTE=100;
   BY treatment;
   VAR y1 y2 y3 y4 y5;
   MONOTONE REG;
RUN;
```

ここでは，MI プロシジャを用いて，治療群（変数名：treatment）ごと多重補完法を行う．多重補完法で使用する乱数のシードを，SEED=オプション

で指定する．これにより，解析結果を再現できる．NIMPUTE=オプションは補完の回数 m を指定する．ここでは，$m=100$ 回の補完を行っている．多重補完法で使用する変数は，VAR ステートメントに提示する（ここでは，時点1から時点5の変数を y1 から y5 としている）．

単調な欠測パターンへの補完は MONOTONE ステートメントで可能であり，ベイズ回帰は REG と指定すればよい．予測平均マッチング法は，

```
        MONOTONE REGPMM;
```
と指定し，傾向スコア法は，

```
        MONOTONE PROPENSITY (/NGROUPS=5);
```
と指定する．ここでは，傾向スコアで作成するグループ数を5としている．そして，多重補完法で欠測値に予測値を補完したデータセットが OUT= オプションで指定したデータセットに作成される．その際，_imputation_ という変数に何回目の補完であるかが格納される．また，非単調な欠測パターンにも使用できるマルコフチェーン・モンテカルロ法は，SAS のデフォルトの補完法であるため MONOTONE ステートメントを削除すれば実行できる．

(2) 非単調な欠測パターン（MICE 法）

また，MICE 法は，

SAS PROC MI を使用した解析（MICE 法）
```
PROC MI DATA=data0 SEED=1234321 OUT=out NIMPUTE=100;
   BY treatment;
   VAR y1 y2 y3 y4 y5;
   FCS REG NBITER=200;
RUN;
```

のように指定する．予測平均マッチング法やロジスティック回帰法は，FCS ステートメントにおいて REG の代わりにそれぞれ REGPMM，LOGISTIC と指定すれば実行できる．また，MICE の特徴として，

```
PROC MI DATA=data0 SEED=1234321 OUT=out NIMPUTE=100;
   BY treatment;
   CLASS y3;
```

```
    VAR y1 y2 y3;
    FCS REG(y1) LOGISTIC(y3) NBITER=200;
RUN;
```

のように変数の型ごとに補完モデルを変更できる点が挙げられる．ここでは，CLASS ステートメントに指定したカテゴリカル変数 y3 にはロジスティック回帰法を用い，その他の変数にはベイズ回帰法を用いている．FCS のデフォルトの補完法はベイズ回帰法であるため，y2 にもベイズ回帰法が適用される．また，FCS ステートメントでは，変数ごとに補完モデル（例えば，共変量）を変えることもできるが，多変量の変数間の相関を適切に保持するように補完モデルを作成する必要がある．

そして，解析ステップでは，通常のプロシジャ（例えば，次章で解説する MIXED プロシジャや GENMOD プロシジャなど）を用いて，補完ステップで作成した擬似的な完全データセットを m 回解析する．例えば，

SAS による多重補完法の解析ステップ
```
PROC MIXED DATA=out;
    BY _imputation_;
    ...
RUN;
```

のように，変数 _imputation_ の値ごとに解析を m 回繰り返し，m 個の解析結果を得る．

最後に，通常の解析で得られた m 個の解析結果を，MIANALYZE プロシジャを用いて以下のように統合する．ここでは，lsmeans と stderr という変数にそれぞれ点推定値とその SE が格納されているとする．

SAS PROC MIANALYZE を使用した統合ステップ
```
PROC MIANALYZE DATA = XXX;
    MODELEFFECTS lsmeans;
    STDERR stderr;
RUN;
```

また，以下に R のプログラム例を示す．MICE 関数により MICE 法を用い

た補完を行い，POOL 関数により Rubin の方法を用いて結果を統合する．詳細は，van Buuren（2012）などを参照されたい．

R を使用した多重補完法（MICE 法）
```
> Library ("mice")
> imp <- mice(data, print = FALSE, m =100, seed=12321)
> fit <- with(imp, lm(y ~ x1 x2))
> est <- pool(fit)
```

5.5 本章のまとめ

　本章では，ベイズ理論に基づくシミュレーションベースの欠測データの統計解析手法である多重補完法（Rubin, 1987）について解説した．多重補完法は，欠測メカニズムが MAR の下で妥当性をもつ手法であり，その手法の柔軟性から多くの領域で応用されている．また，近年，多くの統計ソフト（例えば，SAS，STATA，R，SOLAS など）で容易に実行できるようになった点も急速な普及の大きな要因である．多重補完法は，補完・解析・統合の3ステップで構成され，最初の補完ステップが最も重要である．補完ステップでは，補完モデルのパラメータの事後分布およびその関数で表現される欠測値の事後予測分布を求め，それぞれの分布からランダム抽出を m 回繰り返し，欠測値への補完を m 回行う．これにより，欠測値という未知のものへの補完に伴う不確実性（バラツキ）を適切に反映し，第3章で紹介した単一値補完法がもつ推定精度の過大評価を補正する．そして，解析ステップでは，擬似的に完全化されたデータを通常の解析モデル（例えば，線形モデル）を用いて m 回解析し，最後に統合ステップで m 個の解析結果を統合し，1つの解析結果を導く．最後の統合ステップでは，Rubin の方法と呼ばれる公式を用いて，欠測への複数回の補完の間の推定量のバラツキを適切に反映することにより，推定量の標準誤差の過小評価を防ぐ．つまり，多重補完法は，パラメータおよび欠測値の補完および推定量の統合において，確率的な要素を付加あるいは不確実性を加味することにより推定量の標準誤差を適切に求めている．このため，臨床試験にお

ける欠測値への対処法に関するガイドライン（Little et al, 2012）でも，好ましい手法の1つとして挙げられている．

しかし，他のすべての統計手法と同様，多重補完法もあらゆる場面において優れた性能をもつわけではない．例えば，多重補完法は上述のように3つの段階で不確実性を加味するため，欠測している情報が多い場合には，他の統計手法と比べ過度に保守的な結果を与えることも知られている（P値が大きくなりやすい）．データの解析者は，研究の目的に応じて手法を使い分ける必要がある．その他，5.3節で述べたように，多重補完法を使用する際にはいくつかの留意点がある．例えば，欠測メカニズムがMARとなるように，補完モデルには欠測値を予測し得る変数および解析モデルに使用する変数を含める必要がある．特に，共変量の欠測への補完には結果変数を補完モデルに含める必要がある．また，無作為化研究の場合には，無作為化後に得られた結果変数で欠測の予測に有用な補助変数を補完モデルに使用することも有用である一方，補完モデルと解析モデルが整合性をもつこと（補完モデルの適合性）も理論的には重要である．Little and Rubin（2002）にある，欠測への補完は，(1) 共変量の条件付きモデルを用い，(2) ランダムな要素を加え，(3) 多変数を用いて行うべきであるという原則に則り，研究ごとに適切な補完モデルを作成するのがよい手順だと思われる．特に，欠測している情報量が多い場合には，補完モデルの選択の影響が大きいため，補完モデル（マルコフチェーン・モンテカルロ，MICE，あるいは変数間の関数の形など）を変えた場合の結果の安定性を調べる必要がある．そして，White et al（2012）にあるように，多重補完法があらゆる場面に最良な選択というわけでなく，場合によってはCC解析よりも劣るあるいは同等の性能となり得ることにも留意すべきである．研究ごとにその目的および欠測の理由や比率を総合的に鑑み，次章以降で解説する統計手法も含めて，統計手法を選択する必要がある．

Chapter 6
反復測定データの統計解析

　本章では，各被験者からデータを繰り返し収集する反復測定データの統計解析について解説する．反復測定データの解析では，データ間に生じる相関を適切に扱う必要があると同時に，研究途中での被験者の脱落による欠測データへの対処が必須となる．本章では，一般線形混合効果モデルおよび一般化推定方程式などがそのような欠測データの問題にどのように対処するかを示す．6.1 節で一般線形混合効果モデル，6.2 節で一般化推定方程式，6.3 節で重み付け一般化推定方程式，6.4 節で一般化線形混合効果モデル，6.5 節で反復測定データの統計ソフトウェアについて述べる．最後に 6.6 節でまとめを行う．

6.1　一般線形混合効果モデル

　本章では，個体から結果変数 Y を繰り返し得るような反復測定型の研究デザインを考える．この種の研究は，通常の個体間変動に加え個体内変動も評価可能であり，様々な領域でよく行われる．反復測定データの統計解析は，本章で解説する混合効果モデル (mixed-effects models) を用いる解析が一般的になりつつあるが，混合効果モデルが一般の統計ソフトに普及する前は，分割実験型の分散分析 (ANOVA for split plot designs) あるいは反復測定分散分析 (repeated measurement ANOVA) が唯一の選択肢であった．これら，実験計画法における分散分析型の種々の統計モデルに関しては鷲尾 (1974) などを参照されたい．混合効果モデルと反復測定分散分析は同様な手法と考えがちであるが，前者はパラメータ推定に最尤法を用い，後者は通常の統計ソフトでは最小二乗法を用いるため，それぞれ無視可能な欠測メカニズムが MAR と MCAR のように異なる．更に，後述するように混合効果モデルはデータに欠測のある個体もすべて解析に含めるが，標準的な統計ソフトを用いた反復測定

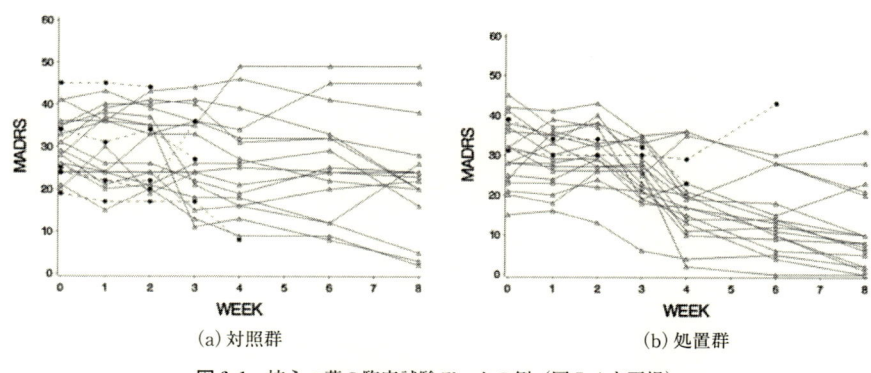

図 6.1 抗うつ薬の臨床試験データの例（図 5.4 を再掲）

分散分析では，個体間で測定時点が揃っている必要があり，データが欠測している個体は解析から自動的に除外される．本節では，結果変数 Y が連続型の場合に使用できる一般線形混合効果モデル（general linear mixed-effects models）について解説する．結果変数が連続型でない場合の混合効果モデルは 6.4 節で解説する．

図 6.1 は，第 5 章で例示した抗うつ薬の無作為化臨床試験における症状スコアの患者ごとの推移である．このような研究の目的は，(1) 処置群の Y の経時的な推移を対照群と比較すること，あるいは (2) 最終時点における Y のベースラインからの変化を 2 群の間で比較することであることが多い．反復測定データの中で，図 6.1 のように経時的に測定を繰り返すものを経時測定データ（longitudinal data）と呼ぶ．反復測定データの解析では，個体内の測定値の間に相関が生じるため，測定値間に独立性を仮定する通常の線形モデルを適用できない．本節で解説する混合効果モデルは，そのようなデータ間の相関を表現できる統計手法の 1 つである．特に反復測定データの解析に用いられる混合効果モデルは，MMRM（mixed-effects models for repeated measures）と略されることもある．

6.1.1　モデルの定式化

一般線形混合効果モデルは，(6.1) で定義されるパラメトリックな統計モデルである．第 i 番目の個体の n_i 個の結果変数を並べたベクトル Y_i を固定効果

(fixed effects) と変量効果 (random effects) の混合 (和) で表現するのが名前の由来である．固定効果は，これまで述べてきた因子や共変量であり，その効果がある真値 β に固定されるのに対して，変量効果 b_i は何らかの母集団からランダム抽出された値でそれ自体がバラツキをもつと考える．例えば，混合効果モデルで個体を変量効果に指定すると，各個体は何らかの母集団からランダムに選ばれそれぞれ特有の値を測定値に含む（例えば，ある個体は血圧が高めであるなどの特性）と考える．なお，データ（正確には誤差項と変量効果）の分布には正規分布を仮定する．

$$Y_i = X_i\beta + Z_i b_i + e_i, \quad i = 1, 2, \ldots, n$$
$$e_i \sim N(\mathbf{0}, \Sigma_i)$$
$$b_i \sim N(\mathbf{0}, D)$$
$$e_i \text{ と } b_i \text{ は互いに独立である}$$
(6.1)

ここで，β は p 次元の固定効果ベクトル，b_i は q 次元の変量効果ベクトル，X_i および Z_i はそれぞれ固定効果および変量効果を並べた行列である．通常の固定効果のみの線形モデルが n_i 次元の誤差ベクトル e_i のみにバラツキのソースを仮定するのに対して，混合効果モデルは，誤差項に加え変量効果ベクトル b_i も 0 を中心にバラツキをもつと仮定する．また通常，e_i と b_i は互いに独立であると仮定する（つまり，個体効果の大きさに依存してデータの誤差の大きさが変わることはないと仮定する）．通常の線形モデルと違い，誤差の分散共分散行列 Σ_i に $\sigma^2 I$（I は $n_i \times n_i$ の単位行列）以外の構造を指定できるため，相関のあるデータをモデル化できる．更に6.1.3項の例題6.1で述べるように変量効果をモデルに含めると同じ変量効果を含む測定値間には相関が生じる．一般線形混合効果モデルの詳細については Verbeke and Molenberghs (1997) や Fitzmaurice et al (2011) などを参照されたい．

データの欠測値に関しては，混合効果モデルは個体ごとに繰り返し数の異なる結果変数ベクトルをモデル化できるため，欠測データのために個体ごとにベクトルの次元が異なる場合も，観察されたデータ Y_{obs} をすべて解析に含めることができる．そして，6.1.4項で解説するようにパラメータ推定に最尤法を用いるため，多重補完法と同様，無視可能な欠測メカニズムは MAR（あるいは MCAR）である．つまり，欠測メカニズムが MAR であれば，欠測メカニズム M を尤度関数に含める必要はなく，観察されたデータ $f(Y_{obs}|\theta)$ のみをす

べて尤度関数に含める混合効果モデルのような統計手法は妥当性をもつ.

6.1.2 階層モデルとしての解釈

混合効果モデルは,階層モデル (hierachical models) あるいはマルチレベルモデル (multilevel models) の範疇に分類される.それを例示するために,以下の経時測定データに対する混合効果モデル (固定効果:処置群,時間 (自由度1),処置群 × 時間 (交互作用),変量効果:個体ごとの切片および時間の傾き) を考える.

$$y_{ij} = \beta_0 + \beta_1 t_{ij} + \beta_2 z_i + \beta_3 (z_i \times t_{ij}) + b_{0i} + b_{1i} t_{ij} + e_{ij} \quad (6.2)$$

ここで,y_{ij} は個体 i の第 j 番目の時間における結果変数,z_i はその個体の処置群,t_{ij} はその j 番目の時間 (単位:週),e_{ij} は誤差項とする ($i=1,2,\ldots,n$; $j=1,2,\ldots,n_i$).$\beta_0, \beta_1, \beta_2, \beta_3$ は切片と各固定効果に対する回帰係数であり,b_{0i} および b_{1i} は変量効果で,それぞれ変量切片 (random intercept) および変量傾き (random slope) と呼ばれる.このモデルは,次のように,レベル1 (個体内モデル) とその次のレベル2 (個体間モデル) の入れ子のモデルで表現できる.このため,マルチレベルモデルあるいは階層モデルとも呼ばれる.つまり,レベル1は個体を与えたときのその個体の中の反復測定値 Y をモデル化し,レベル2は変量効果を用いて集団全体の平均からの各個体のズレをモデル化する.

レベル1:個体内モデル $\quad y_{ij} = b_{0i}^* + b_{1i}^* t_{ij} + e_{ij} \quad (6.3)$

レベル2:個体間モデル $\quad \begin{cases} b_{0i}^* = \beta_0 + \beta_2 z_i + b_{0i} \\ b_{1i}^* = \beta_1 + \beta_3 z_i + b_{1i} \end{cases} \quad (6.4)$

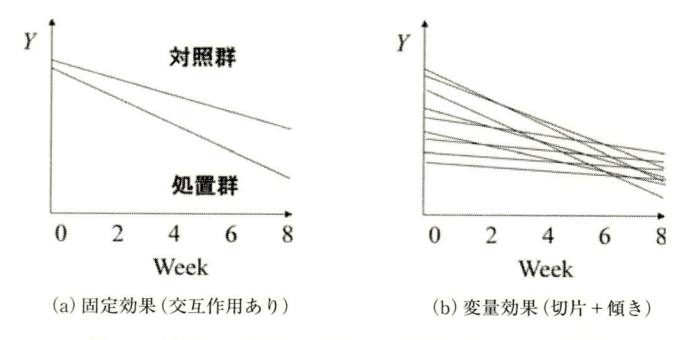

図6.2 線形混合効果モデルの固定効果と変量効果の概念図

(a) 固定効果 (交互作用あり)　(b) 変量効果 (切片+傾き)

この混合効果モデルの固定効果と変量効果の概念図を図6.2に示す．固定効果は，群，時間，群×時間であり，変量効果は各個体の切片と傾きである．

6.1.3　周辺モデルと条件付きモデル

線形混合効果モデルでは，変量効果をどのように用いるかに応じて，以下に解説するように，固定効果パラメータを周辺モデル（marginal models）あるいは条件付きモデル（conditional models）における効果と解釈できる．周辺モデルにおける固定効果（例えば，処置群）は集団全体における要因の効果を表し，条件付きモデルにおける固定効果は個体ごとのモデルにおける因子の効果を表す．ただし，一般線形混合効果モデル（結果変数が連続型である場合の混合効果モデル）では，両モデルの間で固定効果ベクトルのパラメータ推定値 $\hat{\beta}$ が等しい．このため，混合効果モデルで変量効果を用いる場合でも，混合効果モデルを変量効果について積分して導出した以下の結果変数 Y_i の周辺モデル

$$Y_i \sim N(X_i\beta, Z_i D Z_i^T + \Sigma_i) \tag{6.5}$$

に基づきパラメータを推定する．結果変数の期待値は集団全体における平均を表す．一方，混合効果モデルを，変量効果 b_i を与えた下での条件付きモデル

$$Y_i | b_i \sim N(X_i\beta + Z_i b_i, \Sigma_i) \tag{6.6}$$

と解釈する際は，結果変数の条件付き期待値は個体ごとの予測値となる．ここで，変量効果の推定には，6.1.4項のベイズ流の推定法を用いる．

このように，混合効果モデルの解析では，推測対象が集団全体における因子の効果なのかあるいは個体ごとの因子の効果であるのかに応じて，周辺モデルと条件付きモデルを使い分ける必要がある．ただし繰り返しになるが，線形混合効果モデルでは両モデルは同じ固定効果の推定値を与える．実際に統計モデルを作る際は，前者は変量効果を用いずに誤差の分散共分散行列 Σ_i の構造を直接指定することにより周辺モデルを当てはめることができる（6.1.4項）．一方，後者は，変量効果（例：個体ごとの切片や傾き）を用いることによりモデル化できる．ここでは，最も単純な場合における，条件付きモデルと周辺モデルの関係性についての例題を示す．

例題6.1　**変量切片モデルの周辺モデル**　ここでは，個体 i について第 j 回

目に測定された結果変数 y_{ij} $(i=1, 2, \ldots, n ; j=1, 2, \ldots, n_i)$ が各個体の変量切片 b_{0i} とランダムな誤差 e_{ij} で表現される (6.7) の変量切片モデル

$$y_{ij} = \beta_0 + b_{0i} + e_{ij}$$
$$\boldsymbol{e}_i \sim N(\boldsymbol{0}, \sigma^2 \boldsymbol{I}_i) \tag{6.7}$$
$$b_{0i} \sim N(0, \sigma_b^2)$$

を考える．$\boldsymbol{e}_i$ と b_{0i} は独立とする．モデルにおいて，個体 i の誤差ベクトル $\boldsymbol{e}_i$ に加え，個体特有の効果を表す変量切片 b_{0i} を用いてデータのバラツキを表現する．$\boldsymbol{I}_i$ は $n_i \times n_i$ の単位行列である．このモデルは，変量効果を与えた下での条件付きモデル，あるいは変量切片 b_{0i} に関して積分することにより周辺モデルと解釈できる．周辺モデルは，(6.5) より平均 β_0，各個体で共通の分散共分散行列

$$\begin{aligned}
V[\boldsymbol{Y}_i] &= \boldsymbol{Z}_i \boldsymbol{D} \boldsymbol{Z}_i^T + \boldsymbol{\Sigma}_i \\
&= \begin{bmatrix} 1 \\ \vdots \\ 1 \end{bmatrix} \sigma_b^2 [1 \ \cdots \ 1] + \sigma^2 \boldsymbol{I}_i \\
&= \begin{bmatrix} \sigma_b^2 + \sigma^2 & \sigma_b^2 & \cdots & \sigma_b^2 \\ \sigma_b^2 & \sigma_b^2 + \sigma^2 & & \vdots \\ \vdots & & \ddots & \sigma_b^2 \\ \sigma_b^2 & \cdots & \sigma_b^2 & \sigma_b^2 + \sigma^2 \end{bmatrix}
\end{aligned} \tag{6.8}$$

の多変量正規分布に従う．変量効果をモデルに含めることにより，個体 i 内のデータ間の相関を表現していることがわかる．その相関係数は，$\rho = \sqrt{\sigma_b^2/(\sigma_b^2+\sigma^2)}$ で正となり，個体間変動が個体内変動に比して大きければ相関係数は高くなる．ρ はデータの信頼性評価の分野では級内相関係数（intra-class correlation, ICC）と呼ばれるため，(6.8) の分散共分散行列の構造を級内相関型（compound symmetry, CS と表記されることが多い）の構造と呼ぶ．つまり，線形混合効果モデルにおいて，個体ごとの変量切片を用いる条件付きモデルが，級内相関型の分散共分散行列を用いる周辺モデルと等しいことがわかる．このように，線形混合効果モデルでは，変量効果を用いた条件付きモデルの周辺モデルが分散共分散行列を直接指定する場合の周辺モデルと一致することがある．ただし，後述のように，結果変数の分布が正規分布でない場合の混合効果モデルである一般化線形混合効果モデル（generalized linear mixed-effects models）では，周辺モデルと条件付きモデルの間で固定効果パラメータの解釈が異なる（6.4 節を参照）．

6.1.4 パラメータ推定

次に，混合効果モデルのパラメータ推定について説明する．固定効果のパラメータに関しては周辺モデルに基づき推定を行う．尤度関数および対数尤度関数は，

$$L(\boldsymbol{\beta}|\boldsymbol{Y}_i) = \prod_{i=1}^{n}\left((2\pi)^{-n_i/2}|\boldsymbol{V}_i|^{-1/2}\exp\left(\frac{1}{2}(\boldsymbol{Y}_i-\boldsymbol{X}_i\boldsymbol{\beta})^T\boldsymbol{V}_i^{-1}(\boldsymbol{Y}_i-\boldsymbol{X}_i\boldsymbol{\beta})\right)\right) \quad (6.9)$$

$$l(\boldsymbol{\beta}|\boldsymbol{Y}_i) = -\frac{1}{2}\log(2\pi)\sum_{i=1}^{n}n_i - \frac{1}{2}\sum_{i=1}^{n}\log|\boldsymbol{V}_i| - \frac{1}{2}\sum_{i=1}^{n}(\boldsymbol{Y}_i-\boldsymbol{X}_i\boldsymbol{\beta})^T\boldsymbol{V}_i^{-1}(\boldsymbol{Y}_i-\boldsymbol{X}_i\boldsymbol{\beta}) \quad (6.10)$$

となる．このとき，Laird and Ware（1982）は，以下のように，分散成分 $\boldsymbol{\alpha}$（$\boldsymbol{Y}$ の分散共分散行列 $V[\boldsymbol{Y}]$ の要素に含まれるパラメータで，例えば前の例では σ_b^2, σ^2）を与えた下での固定効果パラメータの最尤推定量およびその分散共分散行列の推定量

$$\hat{\boldsymbol{\beta}} = \left(\sum_{i}^{N}\boldsymbol{X}_i^T\hat{\boldsymbol{V}}_i^{-1}\boldsymbol{X}_i\right)^{-1}\sum_{i}^{N}\boldsymbol{X}_i^T\hat{\boldsymbol{V}}_i^{-1}\boldsymbol{y}_i \quad (6.11)$$

$$V[\hat{\boldsymbol{\beta}}] = \left(\sum_{i}^{N}\boldsymbol{X}_i^T\hat{\boldsymbol{V}}_i^{-1}\boldsymbol{X}_i\right)^{-1}\left(\sum_{i}^{N}\boldsymbol{X}_i^T\hat{\boldsymbol{V}}_i^{-1}V(\boldsymbol{Y}_i)\hat{\boldsymbol{V}}_i^{-1}\boldsymbol{X}_i\right)\left(\sum_{i}^{N}\boldsymbol{X}_i^T\hat{\boldsymbol{V}}_i^{-1}\boldsymbol{X}_i\right)^{-1} \quad (6.12)$$

を提案した．ここで，データの共分散構造のモデルの指定 $\boldsymbol{V}_i$ が正しいと仮定すると，パラメータの MLE の分散共分散行列は

$$V[\hat{\boldsymbol{\beta}}] = \left(\sum_{i}^{N}\boldsymbol{X}_i^T\hat{\boldsymbol{V}}_i^{-1}\boldsymbol{X}_i\right)^{-1} \quad (6.13)$$

となる．ここで，$\hat{\boldsymbol{V}}_i^{-1}(\hat{\boldsymbol{\alpha}}) = \hat{\boldsymbol{V}}_i^{-1} = (\boldsymbol{Z}_i\hat{\boldsymbol{D}}\boldsymbol{Z}_i^T + \hat{\boldsymbol{\Sigma}}_i)^{-1}$ である．ちなみに，(6.11) の最尤推定量は重み付き最小二乗法でもある（Fitzmaurice et al（2011）を参照）．混合効果モデルでは，固定効果パラメータの推定量（6.11）の正しさが指定した共分散構造の正しさに依存するという大きな特徴をもつ．そして，パラメータ推定値の分散の推定量（6.13）は真の分散共分散行列がモデルで指定した分散共分散構造と等しいことを仮定するため，モデルベースの推定量と呼ばれる．一方，Liang and Zeger（1986）は共分散構造の誤特定（misspecification）に対して頑健なパラメータ推定値の分散共分散行列の推定量として，いわゆるサンドイッチ推定量を提案した．それは，(6.12) の $V[\boldsymbol{Y}_i]$ に標本推定値の行列 $(\boldsymbol{Y}_i - \boldsymbol{X}_i\hat{\boldsymbol{\beta}})(\boldsymbol{Y}_i - \boldsymbol{X}_i\hat{\boldsymbol{\beta}})^T$ を代入するものである．(6.12)

が $V[\hat{\beta}]=B^{-1}MB^{-1}$ の形をしており,B がサンドイッチの"bread",M が"meat"に対応するようにみえるため,そのように呼ばれる.

分散成分 α の推定には,制限付き最尤法(restricted MLE, REML)を用いることが推奨される(例えば,Fitzmaurice et al (2011)).REML とは尤度関数(6.9)を β の推定に用いる部分と $V[\alpha]$ の推定に用いる部分に分け,該当する部分の尤度のみを推定に使用する方法である.分散成分の REML は,MLE の分散成分の過小評価を補正し不偏推定量でもある(詳しくは Verbeke and Molenberghs (1997) を参照).

以上のように,混合効果モデルにおける平均構造の固定パラメータの推定量は,指定した分散共分散行列の影響を受けるため,正しい共分散パラメータを推定できるように,過度に簡素化した構造を使用すべきでない.そのため,仮定の少ない無構造(unstructured covariance matrix)が推奨されるが,共分散パラメータの数が時点数の 2 次関数で増加するため,時点が多いときには簡便なものしか使えない場合もある.大まかな指針として,各群の個体数は時点数×10 以上にすべきであるという意見もある(Molenberghs and Kenward, 2007).なお,実際の線形混合効果モデルのパラメータ推定では,固定効果パラメータと分散成分のパラメータ推定に互いのパラメータを用いるため,反復計算を通じて収束解を得る.

以下に,混合効果モデルによる解析で一般的に使用される誤差項の共分散構造 Σ(時点は 3 時点とする)を例示する.無構造が最もパラメータを要し,CS や AR(1) は少数のパラメータで相関構造を表現する.AR(1) は時点が 1 つ離れるごとに共分散が ρ 倍だけ低下する構造で,ある時点の誤差項 $e_{i,j}$ がその 1 つ前の時点の誤差 $e_{i,j-1}$ のみを説明変数とする回帰モデルで表現できる場合の構造となっている.

混合効果モデルで使用される誤差項の主な共分散構造

a) 無構造(unstructured) $\begin{pmatrix} \sigma_1^2 & \sigma_{12} & \sigma_{13} \\ & \sigma_2^2 & \sigma_{23} \\ & & \sigma_3^2 \end{pmatrix}$

b) 単純構造(simple) $\begin{pmatrix} \sigma^2 & 0 & 0 \\ & \sigma^2 & 0 \\ & & \sigma^2 \end{pmatrix}$

c) 分散成分型 (variance component)
$$\begin{pmatrix} \sigma_1^2 & 0 & 0 \\ & \sigma_2^2 & 0 \\ & & \sigma_3^2 \end{pmatrix}$$

d) 級内相関型 (compound symmetry)
$$\begin{pmatrix} \sigma_1^2+\sigma^2 & \sigma_1^2 & \sigma_1^2 \\ & \sigma_1^2+\sigma^2 & \sigma_1^2 \\ & & \sigma_1^2+\sigma^2 \end{pmatrix}$$

e) 1次の自己回帰型 (AR(1))
$$\begin{pmatrix} \sigma^2 & \rho\sigma^2 & \rho^2\sigma^2 \\ & \sigma^2 & \rho\sigma^2 \\ & & \sigma^2 \end{pmatrix}$$

f) Toeplitz 型
$$\begin{pmatrix} \sigma^2 & \sigma_{12} & \sigma_{13} \\ & \sigma^2 & \sigma_{12} \\ & & \sigma^2 \end{pmatrix}$$

[トピック] 変量効果の推定

集団全体での推移を表す固定効果パラメータおよび分散成分の推定法に関しては上で述べたが,個体ごとの推移(変量効果のパラメータの線形結合で表現)の推定に関心がある場合は,BLUP(best linear unbiased prediction)法を用いて変量効果を推定することがある. Y_i と $\hat{\beta}$ を与えた下での変量効果 b_i の BLUP 推定量は,多変量正規分布の性質を利用して,

$$E[\boldsymbol{b}_i|\boldsymbol{Y}_i] = \boldsymbol{D}\boldsymbol{Z}_i^T \boldsymbol{V}_i^{-1}(\boldsymbol{Y}_i - \boldsymbol{X}_i\hat{\boldsymbol{\beta}}) \quad (6.14)$$

となる.BLUP の推定値は(6.14)の $\boldsymbol{D}$ と $\boldsymbol{V}_i$ の中の分散成分に REML 推定値を代入して求める.一方,(6.14)は第4章で解説したベイズ理論に基づき導出することも可能であるため経験ベイズ推定量(empirical Bayes estimator)とも呼ばれる.詳しくは Verbeke and Molenberghs(1997)や Fitzmaurice et al(2011)などを参照されたい.

6.1.5 自由度の補正

次に,混合効果モデルを用いた固定効果の検定における自由度の補正について解説する.以下に,相関のあるデータが得られる一例として,クロスオーバー研究のデータ解析を例示する.

クロスオーバー研究

各被験者が複数の処置を受けるクロスオーバー研究を考える．例えば2つの処置を比較する2×2クロスオーバー研究では，各被験者は図6.3に示すように2種類のパネルのいずれかにランダム化される．そして，パネルAでは，処置→対照，パネルBでは対照→処置の順に処置を受ける．このような研究デザインでは，被験者の中で処置を比較できるため，処置の効果を検出しやすいという利点がある．ただし，2つの処置の間に適切な長さのウォッシュアウト期間を設け，前の処置の影響を除去することおよびウォッシュアウト後に被験者の結果変数が第I期の処置前の状態に戻ること（臨床試験では慢性疾患などが該当）が，クロスオーバー研究の妥当性の必要条件である．

クロスオーバー研究に対する線形混合効果モデルは

$$Y_{ijkl} = \mu + \alpha_i + p_{ij} + \pi_k + \tau_l + e_{ijkl} \tag{6.15}$$

となる．ここで，Y_{ijkl} はパネル i ($i=1,2$)，パネル i の中の被験者 j ($j=1,2,\ldots,n$)，時期 k ($k=1,2$)，処置 l ($l=|i-k|+1$) の結果変数である．τ_l, π_k はそれぞれ処置 l と時期 k の固定効果，$p_{ik} \sim N(0, \sigma_1^2)$ はパネル i の中の k 番目の被験者の変量効果で，$e_{ijkl} \sim N(0, \sigma_2^2)$ は誤差項である．また，クロスオーバー研究では，パネルと時期を与えれば処置が決まる点に特徴がある（i と k を与えれば l は自動的に値が決まる）．つまり，データの総数は $4n$ 個である．クロスオーバー研究の分散分析表を表6.1に示す．

ここで，$E[\text{平均平方}]$ は各要因の不偏分散の期待値であり，その中で使われている分散成分 $\sigma_P^2, \sigma_A^2, \sigma_B^2$ は，それぞれデータのパネル間の分散，処置間の分散，時期間の分散である．クロスオーバー分散分析表のパネルとパネル内被験者（被験者（パネル）と書く）を1次単位，その中の因子である処置と時期

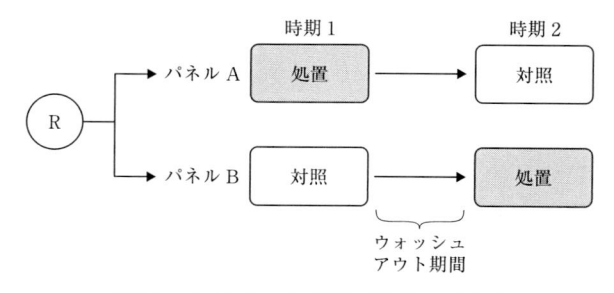

図6.3　クロスオーバー研究デザインの概念図

6.1 一般線形混合効果モデル

表 6.1 クロスオーバー研究の分散分析表

因子	自由度	平方和	平均平方	F 比	E[平均平方]
パネル	1	SS_P	V_P	V_P/V_{e1}	$\sigma_2^2 + 2\sigma_1^2 + 2n\sigma_P^2$
被験者(パネル)	$2n-2$	SS_{e1}	V_{e1}	V_{e1}/V_{e2}	$\sigma_2^2 + 2\sigma_1^2$
処置	1	SS_A	V_A	V_A/V_{e2}	$\sigma_2^2 + 2n\sigma_A^2$
時期	1	SS_B	V_B	V_B/V_{e2}	$\sigma_2^2 + 2n\sigma_B^2$
2次誤差	$2n-2$	SS_{e2}	V_{e2}		σ_2^2
合計	$4n-1$	SS_T			

を 2 次単位という.そしてそれぞれの単位の中の誤差変動を 1 次誤差および 2 次誤差という.1 次誤差は被験者間の変動を表す被験者(パネル)である.各因子は対応する誤差で検定する必要がある.分散の期待値からわかるように,例えば帰無仮説 ($\sigma_P^2=0$) の下でパネルの分散の期待値は被験者(パネル)の分散の期待値と一致するため,パネルは被験者(パネル)に対して F 検定を行えばよい.同様に,処置効果は 2 次誤差(被験者内変動)に対して F 検定を行えばよい.このように,データに欠測がなければ,単純な F 検定により各要因を検定できる.

しかし,データに欠測値がある場合,各要因の分散の期待値を複数の分散成分で表現する必要が生じ,F 検定の分母の誤差変動の自由度を調整する必要が生じる.誤差分散の自由度補正の方法は,Satterthwaite 法(Satterthwaite, 1941)が最も一般的である(詳細は,Verbeke and Molenberghs(1997)などを参照).例えば,分散が異なる 2 群の間で平均を比較する際に使われる Welch の t 検定の自由度補正に使用される方法である.また SAS などでは,小標本の場合の自由度の近似を改善する Kenward-Roger 法(Kenward and Roger, 1997)による補正も利用できる.

6.1.6 例 題

ここでは,相関のあるデータの解析に線形混合効果モデルを適用した例題をいくつか紹介する.

例題 6.2 クロスオーバー試験 まず,クロスオーバー研究の解析の例題を示す.ここでは,Verbeke and Molenberghs(1997)で使用された降圧剤(血圧を下げる薬剤)の臨床試験のデータ解析の事例を用いる.19 名の高血圧

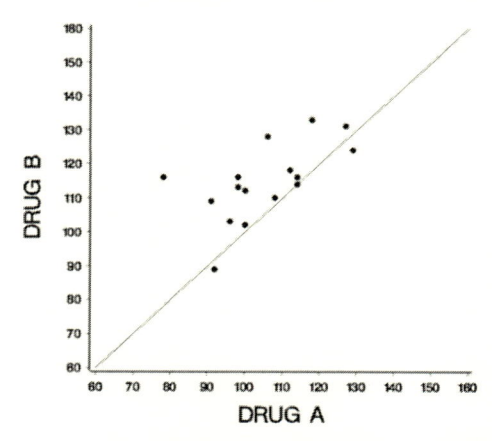

図 6.4 クロスオーバー試験から得られた 2 薬剤投与後の拡張期血圧
(Verbeke and Molenberghs (1997) より引用)

表 6.2 クロスオーバー分散分析の結果 (CC 解析)

変動因	自由度	平方和	平均平方	F 比	P 値
パネル	1	0.90	0.90	0.00	0.954
被験者 (パネル)	15	3950.21	263.35	4.30	0.004
処置	1	761.12	761.12	12.42	0.003
時期	1	11.12	11.12	0.18	0.676
2 次誤差	15	918.94	61.26		

症患者に対してクロスオーバーデザインにより薬剤 A および薬剤 B が投与され拡張期血圧 (mmHg) が測定された．図 6.4 に各薬剤投与後の血圧の散布図を示す．薬剤 A 投与後の血圧の方が薬剤 B 投与後の血圧よりも低いことがみてとれる．このとき，19 名の中で患者 ID 4 および 16 の患者はそれぞれ薬剤 A と薬剤 B 投与後の血圧のみが観察されている．つまり，17 名の患者からは 2 つの対応のあるデータが得られていて，2 名の患者からは 1 つの薬剤の結果しか得られていない．

まず，データが欠測している 2 名を解析から除外して，固定効果のみを因子 (処置，時点，パネル，パネル内被験者) とするクロスオーバー分散分析を用いて CC 解析した結果を表 6.2 に要約する．統計ソフトは SAS を用いた (解析プログラムは 6.5 節を参照)．

クロスオーバー分散分析において，パネルの効果は持ち越し効果を表しこの

6.1 一般線形混合効果モデル

表 6.3 クロスオーバー分散分析の結果（$n=19$ の場合）

変動因	自由度	平方和	平均平方	F 比	P 値
パネル	1	0.56	0.90	0.00	0.962
被験者（パネル）	17	3978.05	263.35	4.30	0.006
処置	1	761.12	761.12	12.42	0.003
時期	1	11.12	11.12	0.18	0.676
2 次誤差	15	918.94	61.26		

表 6.4 クロスオーバー研究の混合効果モデル解析の結果

変動因	分子の自由度	分母の自由度	F 比	P 値
パネル	1	17.5	0.00	0.978
処置	1	16.2	12.68	0.003
時期	1	16.2	0.23	0.641

データでは有意でない（$P=0.954$）．これは，時期 1 の処置の効果が適切にウォッシュアウトされていることを意味する．そして，処置効果が有意であるため 2 つの薬剤の効果には差があることが示される（$P=0.003$）．また，パネル内被験者の自由度が 15 であることから，$N=17$ の患者が解析に含められたことがわかる．CC 解析ではデータに欠測がないため，最小二乗法に基づくクロスオーバー分散分析の結果と，被験者を変量効果とする混合効果モデル（最尤法）の解析結果は完全に一致する．

次に，上記のデータが不完全な 2 例を含む 19 例の解析結果を要約する．表 6.3 は，固定効果のみのクロスオーバー分散分析の結果である．被験者数が 19 名となるため，被験者（パネル）の平方和は変化するが，その他の要因の自由度と平均平方は変化しない．これは最小二乗法に基づく分散分析は被験者内誤差（2 次誤差）に基づき処置や時期などの 2 次単位の要因を検定するため，欠測のある被験者を解析から除外する CC 解析を行うことによる．このため，パネルの効果の検定以外は MCAR を仮定する CC 解析と同一となる．

それに対して，被験者を変量効果とする混合効果モデルを用いて固定効果を検定した結果（F 検定の分母の自由度は Satterthwaite 法で調整）を表 6.4 に示す．この解析では，データが不完全な 2 例も用いて，個体内での治療効果や時期効果を検定するため，処置効果の F 比および P 値が変化する．混合効果モデルは最尤法に基づく解析であるため，この解析は MAR の下でも妥当性をもつ．

例題 6.3 **経時測定データの解析** 次に，経時測定データの解析事例を示す．経時測定データの解析では，表 6.5 にまとめるようにいくつかの解析オプションが考えられ，研究デザインやデータの特性に応じて解析モデルを選択する必要がある．

ベースライン値（Y の処置前値）の有無により，統計モデルを作成する際の留意点が異なる．ベースライン値がない場合（例えば，次に示す成長曲線データ）は，結果変数を実測値として，群，時点，群×時点を固定効果とする周辺モデルあるいは条件付きモデルを使用できる．群×時点が群ごとに経時的なプロファイルに差があるか否かを表すため，処置効果を表す．一方，ベースライン値がある場合は，ベースラインの大きさが値の変化に影響することが多いため，結果変数を変化量，変化率あるいは実測値としてベースライン値を共変量とするなどのモデルを選択する必要がある．変化量はベースラインからの差であり，変化率はベースラインに対する相対的な変化量を表す．また，ベースラインで調整した実測値は，ベースラインと実測値の相関を用いた調整である．データの特性に応じて意味のある尺度を選択する必要がある．これらの場合は，群効果が処置効果を表し，群×時点が有意な場合は処置効果が時点により異なることを意味する．

一方，時点はカテゴリカル変数あるいは共変量のいずれかに指定できる．実験的な研究で各時点のデータ数が多い場合は，カテゴリカル変数とした方がモデルの制約が少ない．ただし，観察研究のように時点ごとのデータ数が不揃い

表 6.5 経時測定データの解析モデルの例

モデル[$]	反応変数	固定効果		変量効果	相関構造
(1) ベースライン値がない場合					
M	実測値	群，時点，群×時点		—	無構造
C	実測値	群，時点，群×時点		切片と傾き	独立構造
(2) ベースライン値がある場合					
M	変化量	群，時点，群×時点		—	無構造
C	変化量	群，時点，群×時点		切片と傾き	独立構造
M	変化率	群，時点，群×時点		—	無構造
C	変化率	群，時点，群×時点		切片と傾き	独立構造
M	実測値[#]	群，時点，群×時点，処置前値		—	無構造
C	実測値[#]	群，時点，群×時点，処置前値		切片と傾き	独立構造

$：M＝周辺モデル，C＝条件付きモデル
#：ベースライン値（処置前値）は反応変数には含めず共変量とする

の場合は平均と共分散の推定の安定性の面から共変量とするのが唯一の選択肢であるときもある．研究のデザインやデータの特性に応じてモデルを構築することが必要である．例題を以下に示す．

(1) 成長曲線データ

前述の処置前のベースラインがないようなデータの例として，子供の成長曲線データ（Potthoff and Roy, 1964）の例題を示す．これはそれぞれ16名と11名の男子と女子の下垂体中央から上顎骨先端までの長さの成長曲線を8歳から14歳までの間2年ごとに記録したデータである．このとき，Little and Rubin (2002) は10歳のデータのみにMARで欠測を人工的に生じさせた．図6.5に経時的な推移を性別ごとに示す．実線はデータが完全な被験者で点線は欠測のある被験者を表す．平均よりも上顎骨までの長さの短い被験者に欠測が生じているが，データが完全な群と欠測がある群のプロファイルに大きな差がなく，MARが成立していることがみてとれる．

このデータに対して線形混合効果モデル

$$Y_{ijk} = \beta_0 + \beta_1 group_i + \beta_j age_j + \beta_{ij}(group_i \times age_j) + e_{ijk} \tag{6.16}$$

を当てはめる．ここで，Y_{ijk} は性別の群 i $(i=1,2)$ の被験者 k $(k=1,2,\ldots,n)$ の j 番目の年齢 $(j=1,2,\ldots,t)$ における結果変数である．ここでは，時点間の相関構造として，無構造，級内相関係数型，AR(1) を用いた場合の，女子グループの10歳の上顎骨先端までの長さの最小二乗平均（least squares mean, LS Mean）を表6.6に要約する．最小二乗平均は調整平均とも呼ばれ，推測対象の平均を (6.16) のようなモデル式の固定効果パラメータの推定値の線形結合

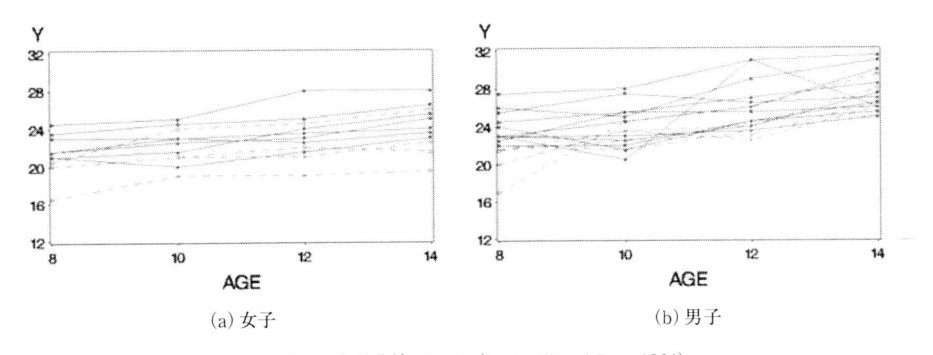

(a) 女子　　　　　　　　　　　　(b) 男子

図6.5　成長曲線データ（Potthoff and Roy, 1964）

表 6.6 混合効果モデルで推定した女子グループの 10 歳時の下垂体中央から上顎骨先端までの長さの最小二乗平均

番号	統計モデル	LS Mean (SE)
0	完全データ	22.2 (0.57)
1	CC 解析	22.8 (0.64)
2	MMRM (UN)	21.6 (0.83)
3	MMRM (CS)	22.0 (0.77)
4	MMRM (AR (1))	21.9 (0.75)

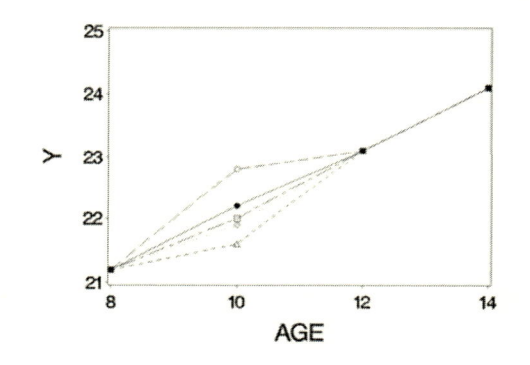

図 6.6 混合効果モデルで推定された女子グループの平均成長曲線

で表現したものである.パラメータの推定に最小二乗法を用いることが多いためこのように呼ばれる.また,図 6.6 に各モデルにより推定された女子グループの成長曲線の最小二乗平均の推移を示す.前述のように混合効果モデルの解析では平均構造の推定に共分散構造の指定が影響することがわかる.この例題では,CC 解析における平均の過大評価が混合効果モデルでは補正されていることがみてとれる.ただし,データ数が少ないため,相関構造を無構造とする解析は過度の補正と標準誤差の増大がみられる.前述のように,データ数に応じて誤差の分散共分散行列を選択する必要がある.

(2) 抗うつ薬の臨床試験の経時測定データ

次に処置前のベースライン値があるデータの例として,第 5 章の多重補完法の解析でも例示した抗うつ薬の臨床試験(Nakajima et al, 2012)の経時測定データを考える.ここでは,結果変数 Y をベースラインからの変化量として,線形混合効果モデル

$$Y_{ijk} = \beta_0 + \beta_1 group_i + \beta_j time_j + \beta_{ij}(group_i \times time_j) + e_{ijk} \tag{6.17}$$

6.1 一般線形混合効果モデル

表 6.7 MADRS の変化量の解析結果（線形混合効果モデル）

(a) パラメータ推定値（共分散構造：CS）

パラメータ		点推定値	標準誤差	P 値
切片		-19.1111	1.9899	$<.0001$
群	0	11.4444	2.8683	0.0001
	1	0	.	.
時点	2	18.8111	1.8967	$<.0001$
	3	12.7764	1.9587	$<.0001$
	4	7.4611	1.8967	0.0001
	6	4.1966	1.9453	0.0328
	8	0	.	.
群 × 時点	0 2	-11.3349	2.7423	$<.0001$
	0 3	-7.4182	2.8648	0.0107
	0 4	-4.6824	2.8394	0.1015
	0 6	-0.7859	2.8568	0.7837
	0 8	0		
	1 2	0		
	1 3	0		
	1 4	0		
	1 6	0		
	1 8	0		

(b) 因子の検定（Type 3 平方和を使用）

要因	分子自由度	分母自由度	F 統計量	P 値
群	1	40	8.94	0.0048
時点	4	132	26.67	$<.0001$
群×時点	4	132	5.77	0.0003

(c) 解析手法（モデル）ごとの最終時点における MADRS の変化量の処置群間の差およびその 95％信頼区間

解析手法	群間差の推定値	標準誤差	95％信頼区間[#]
CC 解析	-12.25	4.22	$(-21.0, -3.5)$
AC 解析	-11.94	3.81	$(-19.7, -4.2)$
MMRM（UN）	-10.44	4.04	$(-18.7, -2.2)$
MMRM（CS）	-11.44	2.87	$(-17.1, -5.8)$
MMRM（AR(1)）	-10.93	2.92	$(-16.7, -5.1)$

#：誤差分散の自由度は Satterthwaite 法を用いて調整

をデータに当てはめる．ここで，Y_{ijk} は処置 $i\,(i=1,2)$，時点 $j\,(j=1,2,\ldots,t)$，被験者 $k\,(k=1,2,\ldots,n)$ の結果変数である．ただし，時点は処置後の時点である．この例題では，2 つの処置の間の平均変化量の差に関心がある．(6.17) で誤差の共分散構造を CS としたときのパラメータ推定値を表 6.7（a）に示す．群は，0 が対照群 $(n=21)$，1 が処置群 $(n=20)$ を表す．表 6.7（b）は各要

因全体の検定結果である.群効果に加えて群×時点の交互作用も有意である.また,最終時点におけるうつ病の症状の程度を表すMADRSのベースラインからの変化量に関する解析結果を表6.7（c）に示す.ここでも,相関構造の指定が平均構造の推定に影響を及ぼすことがみてとれる.ちなみに,表6.7（a）のモデルのダミー変数は因子の最後の水準を参照群（例えば,8週時を0とする）としているため,群効果のパラメータ推定値（11.4444）を−1倍したものが,8週時におけるLS Meanの2群の間の差になる.

なお,詳細は割愛するが,このデータを通常の統計ソフトの反復測定分散分析（例えば,SPSSやSASのPROG GLMのREPEATEDステートメント）で解析すると,いずれかの時点に欠測データがある被験者（15例/41例）が自動的に解析から除外される.抗うつ薬の臨床試験では,症状の悪化や改善でデータが欠測することが多く,欠測メカニズムにMCARを仮定することは適切でないため,この例題に対して通常の統計ソフトの反復測定分散分析を使用してはならない.

6.1.7 一般線形混合効果モデルのまとめ

以上のように,一般線形混合効果モデルは個体ごとに結果変数の繰り返し数が異なるデータを自然にモデル化するため,脱落を含む欠測データに対しても,すべての個体の観察されたデータ Y_{obs} をすべて解析に含めることができる.データ間の相関のモデル化は,誤差の分散共分散行列を直接指定する方法（周辺モデル）と変量効果を用いる方法（条件付きモデル），および両者の併用がある.研究のデザイン,データのサンプリング方法および特性に応じて,モデルを適切に使い分ける必要がある.多くの研究の目的である処置効果を表す固定効果 β を評価する際は,連続型の結果変数に対する一般線形混合効果モデルを用いる場合,集団全体の処置効果を表す周辺モデルと個体ごとの処置効果を表す条件付きモデルの固定効果パラメータの推定値が一致するという便利な特徴をもつ.したがって,いずれのモデルを用いた場合でも,固定効果パラメータの推定値は,集団全体における平均処置効果として解釈できる.ただし,6.4節で述べるように,結果変数がカテゴリカル変数である場合の混合効果モデルでは,両者で固定効果パラメータの推定値が異なり,解釈も変わるた

め注意が必要である．

　線形混合効果モデルの欠測データへの対処についてまとめる．結果変数の欠測値に関しては，線形混合効果モデルは被験者ごとに繰り返し数が異なる結果変数をモデル化できるため，不完全データをそのまますべて解析に含める．そして，固定効果パラメータの推定に最尤法を用いるため，欠測メカニズムがMAR（あるいはMCAR）であれば，欠測データを無視して観察されたデータ Y_{obs} のみに基づく解析がバイアスをもたない．つまり，欠測メカニズム M を無視して観察されたデータのみの尤度 $f(Y_{obs}|\theta)$ に基づく推測が妥当性をもつ．ただし，混合効果モデルの解析でも共変量 X に欠測がある場合は，その個体は解析から自動的に除外されるため，共変量 X の欠測 X_{mis} は完全にランダムに生じる必要がある点に留意すべきである．このとき，混合効果モデルの解析では Y のベースライン値も結果変数としてモデル化することにより，ベースラインが欠測の被験者も解析に含めることができる方法も提案されている（Liu et al, 2009）が，そのような解析とベースラインを共変量 X とする通常の混合効果モデルは多くの場合同様の結論を導くため，モデルの過度の複雑化を避けるためにも通常の混合効果モデルで十分であるという意見もある（White et al, 2012）．

　また，これは欠測データとは別の話であるが，線形混合効果モデルは結果変数の分布に正規分布を仮定する完全にパラメトリックな手法である点に注意が必要である．固定効果に関する推測が妥当性をもつ条件は，（1）誤差項の分布が正規分布であること，（2）共分散構造の指定が正しいこと，（3）変量効果を用いる場合は，変量効果の分布が正規分布であることが必要となる．欠測メカニズムの仮定（MAR）と同様にこれらのデータの分布に関する仮定のチェックを行う必要がある．

6.2　一般化推定方程式

　本節では，結果変数 Y が正規分布に従わない場合（例えば，2値変数）の反復測定データの解析にも使用できる一般化推定方程式（generalized estimating equations, GEE：Zeger and Liang, 1986）について解説する．GEEは，混合効果モデルと同様，個体ごとに結果変数ベクトル Y_i の次元が異なるデータ

を解析できるため，脱落などによる欠測データの解析に使用できる．技術的には，Y に指数型分布族を仮定する一般化線形モデル（McCullagh and Nelder, 1989）の尤度方程式を相関のあるデータを扱えるように一般化したものである．一般化線形モデルは，$g(\mu_i(\beta))=X_i^T\beta$ のように Y_i の平均 $\mu_i(\beta)$ をリンク関数 g で変換したものに線形モデルを仮定するが，GEE では，個体 i の結果変数ベクトル Y_i の間の共分散行列 V_i を導入した次の重み付け残差平方和

$$Q=\sum_{i=1}^{n}(Y_i-\mu_i(\beta))^T V_i^{-1}(Y_i-\mu_i(\beta)) \tag{6.18}$$

を最小化する重み付け最小二乗法を用いて回帰パラメータ β を推定する．ここで，V_i は個体内の結果変数間の共分散行列で $V_i=A_i^{1/2}R_i(\alpha)A_i^{1/2}$ と表現される．A_i は対角要素が V_i の分散である対角行列であり，R_i は作業相関行列（working correlation matrix）と呼ばれ，解析では何らかの相関構造を指定する必要がある．そして，Y_i の要素 Y_{ij} の平均と分散は，それぞれ

$$E[Y_{ij}|X_{ij}]=\mu_{ij}=g^{-1}(X_{ij}^T\beta) \tag{6.19}$$
$$V[Y_{ij}|X_{ij}]=\phi v(\mu_{ij}) \tag{6.20}$$

という一般化線形モデルの形をとる．ここで，$v(\mu_{ij})$ は分散関数と呼ばれる μ_{ij} の関数であり，ϕ は過分散（overdispersion）をモデル化する尺度パラメータである．そして，リンク関数の変換があるため，パラメータの重み付け最小二乗推定量（weighted least squares estimator）は，次の一般化推定方程式

$$\sum_{i=1}^{N}D_i^T V_i^{-1}(Y_i-\mu_i(\beta))=0 \tag{6.21}$$

の解となる．ここで，$D_i=\partial\mu_i/\partial\beta$ は μ_i を β の要素で偏微分したものを要素とする行列である．これは一般化線形モデルのスコア方程式を相関があるデータに拡張した形となっており，方程式の呼称が，そのまま統計手法の名前となっている．つまり，GEE のモデル化では，方程式を作る際，Y_i の完全な確率関数は使用せず，その低次のモーメント（1 次と平均まわりの 2 次のモーメント），および作業相関行列の指定のみが必要となる．このため，GEE では結果変数の分布の誤特定に対してパラメータ推定値は頑健である一方，完全な確率分布の情報を用いる最尤法（例：混合効果モデル）に比べ効率が悪い（つまり，推定量の分散が大きい）．GEE のパラメータ推定は，混合効果モデル同様，固定効果パラメータ β に加え，分散と共分散パラメータ ϕ, α に関して上

記の一般化推定方程式を解く必要があるため，反復計算を要する．つまり，
1) 反復 k における ϕ, α の推定値を与えた下で β の推定値を得る．
2) β の推定値を与えた下で ϕ, α の推定値を得る．

という反復を通じて，パラメータの収束解を得る．なお，ϕ, α の推定値は，個体 i の j 番目の測定値に関する標準化残差

$$e_{ij} = \frac{y_{ij} - \hat{\mu}_{ij}}{\sqrt{v_{ij}(\hat{\mu}_{ij})}} \tag{6.22}$$

に基づく標本分散や標本共分散を用いて推定する．

また，一般線形混合効果モデル（6.1.4 項）で解説したように，GEE でも固定効果のパラメータ推定値のロバスト分散

$$V(\hat{\boldsymbol{\beta}}) = \left(\sum_{i}^{N} \hat{\boldsymbol{D}}_i^T \hat{\boldsymbol{V}}_i^{-1} \hat{\boldsymbol{D}}_i\right)^{-1} \left(\sum_{i}^{N} \hat{\boldsymbol{D}}_i^T \hat{\boldsymbol{V}}_i^{-1} (\boldsymbol{Y}_i - \hat{\boldsymbol{\mu}}_i)(\boldsymbol{Y}_i - \hat{\boldsymbol{\mu}}_i)^T \hat{\boldsymbol{V}}_i^{-1} \hat{\boldsymbol{D}}_i\right) \left(\sum_{i}^{N} \hat{\boldsymbol{D}}_i^T \hat{\boldsymbol{V}}_i^{-1} \hat{\boldsymbol{D}}_i\right)^{-1} \tag{6.23}$$

を使用できる．作業相関行列が正しいという仮定の下でのモデルベースの標準誤差は

$$V(\hat{\boldsymbol{\beta}}) = \left(\sum_{i}^{N} \hat{\boldsymbol{D}}_i^T \hat{\boldsymbol{V}}_i^{-1} \hat{\boldsymbol{D}}_i\right)^{-1} \tag{6.24}$$

となる．以下に，GEE のパラメータ推定量の性質をまとめる．

6.2.1　GEE の性質
（1）点推定値

GEE では，データに欠測値がなければ，仮に作業相関行列を誤特定したとしても平均構造が正しく特定されていれば，固定効果ベクトルの推定量は一致性をもつ．点推定値が正しいことは多くの研究で重要であり，点推定値が作業相関行列の誤特定に対してロバストであることは GEE の大きな長所である．更に，GEE の固定効果の推定量は漸近正規性をもつ．

（2）推定精度

推定量の標準誤差に関しては，線形混合効果モデル同様にロバスト分散を使用でき，作業相関行列を誤特定した際も妥当性をもつ統計的推測を行うことができる．更に個体数が多いとき，GEE の固定効果の推定量は，多くの場合に最尤推定量と同様の精度をもつ．一方，ロバスト分散に関しては，個体数が多

く個体間で時点が揃っているような実験的な研究では性能がよいが，観察研究のようにデータの測定時点が不揃いで個体ごとの各時点の繰り返し数が少ないデザインでは性能がよくない．GEE でもロバスト分散を使用できるが，特にアンバランスなデータでは，正しい作業相関行列を指定することができればパラメータの推定精度を高めるために，モデルベースの標準誤差を使用することも一案である．

(3) その他の留意点

本節で解説した GEE は結果変数が連続型の場合にも適用可能であるが，通常の統計ソフトは本節で示したように各反復（時点）を通じて分散パラメータ ϕ が一定であるモデルを当てはめる．これは強い制約であり，相関のあるデータの解析では分散成分 α の推定値が固定効果の推定に影響を与えるため，結果変数が連続型の場合には，分散共分散行列の指定により時点ごとに分散が異なるモデルを当てはめることができる（例えば，誤差の分散共分散行列に無構造を指定する）．前述の線形混合効果モデルを使用すべきであろう．

6.2.2 無視可能な欠測メカニズム

最後に欠測データについてまとめる．GEE における無視可能な欠測メカニズムは MCAR である．それはパラメータ推定の方法で述べたように，GEE が最尤法を用いず，重み付け最小二乗法に基づきパラメータを推定するためである．GEE は上述のようにデータが完全あるいは欠測が MCAR の場合には，個体ごとに繰り返し数の異なるデータを用いて好ましい統計的推測（漸近正規性および一致性をもつ点推定およびロバスト分散の使用）が可能である．ただし，多くの研究で MCAR が成立するような状況は限られているため，MAR や MNAR の下でも GEE が妥当性をもつように補正が必要となる．次節では MAR の下でも適切な GEE の重み付け解析について解説する．

6.3 一般化推定方程式の MAR への拡張

(1) 重み付け一般化推定方程式（WGEE）

GEE の無視可能な欠測メカニズムが MAR となるように，Robins et al (1995) および Fitzmaurice et al (1995) は脱落を含む経時測定データの文脈

6.3 一般化推定方程式の MAR への拡張

（単調な欠測パターンを想定）で GEE の重み付け解析（weighted GEE, WGEE）を提案した．WGEE は，個体ごとに，各個体の実際に観察された最終時点まで Y が得られる確率の逆数で測定値を重み付けるセミパラメトリックな手法である．以下のように，一般化推定方程式に個体 i に対する重み w_i を付したスコア方程式

$$\sum_{i=1}^{n} w_i \boldsymbol{D}_i^T \boldsymbol{V}_i^{-1}(\boldsymbol{y}_i - \boldsymbol{\mu}_i(\boldsymbol{\beta})) = \boldsymbol{0} \tag{6.25}$$

を解いてパラメータ推定値を得る．ここで重み w_i は，個体 i の最終時点 $j-1$ まで Y が観察される確率

$$P(M_i = j) = \begin{cases} P(M_i = j | M_i \geq j) & j = 2 \\ P(M_i = j | M_i \geq j) \prod_{k=2}^{j-1}(1 - P(M_i = k | M_i \geq k)) & j = 3, \ldots, n_i \\ \prod_{k=2}^{n_i}(1 - P(M_i = k | M_i \geq k)) & j = n_i + 1 \end{cases} \tag{6.26}$$

の逆数である．ここで，M_i は脱落の時点を表す確率変数である．(6.25) の各条件付き確率は，ロジスティック回帰モデルを用いて推定できる．なお，ここでは Fitzmaurice et al（1995）の WGEE を解説したが，Robins et al（1995）は個体ごとではなく各測定値をその反応確率の逆数で重み付けたスコア方程式を用いる．ここでは詳細は割愛する．

WGEE は 3.2 節で述べたように，欠測メカニズムが MAR の下でも妥当性をもつ．ただし，重みを推定するためのモデルが正しく特定されていることがその前提条件である．また，WGEE では，(6.26) の確率が 0 に近い場合，重みが非常に大きくなり推定値の標準誤差が不安定となる点も指摘されている（National Research Council, 2010）．次に解説する augmented WGEE はその点を改良した手法である．

(2) augmented 重み付け一般化推定方程式（augmented WGEE）

前述の WGEE が正しい結果を与えるためには，データの解析モデルに加え，データが観察される確率の予測モデルが正しいことが必要条件となる．ここでは，(1) データモデルと (2) データ観察確率の予測モデルのいずれかが正しく特定されていれば手法が妥当性をもつような二重ロバストネス（double robustness）をもつ統計手法を紹介する．二重ロバストネスをもつ WGEE の手法として，augmented WGEE が提案されている（Robins et al, 1995）．

WGEE は観察されたデータのみを用いてその重み付き平均として結果変数の平均の推定量を求める手法であるが，augmented WGEE は脱落までに観察されたデータを共変量として用い欠測値を予測・補完し，結果変数の平均の推定値を求める．以下に National Research Council (2010) に示されている最終時点 K のみに欠測が生じる場合の augmented WGEE を例示する．時点 K における Y の平均 $\mu_K = E[Y_K]$ に対する augmented WGEE 推定量は，

$$\hat{\mu}_K = \frac{1}{n}\left(\sum_{i=1}^{n}\frac{R_{iK}Y_{iK}}{P(M_i=K+1)} + \sum_{i=1}^{n}\left(\frac{R_{iK}}{P(M_i=K+1)}-1\right)g(Z_{iK}^-, X_i)\right) \quad (6.27)$$

となる．ここで，Y_{iK} は個体 i の時点 K における結果変数，R_{iK} は Y が観察されていれば1，欠測していれば0をとる2値変数である．

augmented WGEE 推定量の前半部分は WGEE 推定量であり，後半部分はデータが不完全な個体を推定量に含める augmentation 項である．そして，$g(Z_{iK}^-, X_i)$ は個体 i に対して時点 K までに観察されたデータの何らかの関数であり，この欠測の予測・補完を適切にモデル化できれば，データ観察確率の予測モデルが誤特定されたとしても推定量が妥当性をもつ．二重ロバストネスの手法は実際のデータ解析の場での応用例が少ないため，今後その性能が十分に明らかにされる必要がある．

以上，単調な欠測パターンに使用できる WGEE および augmented WGEE を紹介した．前者はデータモデルに加えデータ観察確率の予測モデルも正しく特定する必要があり，データが観察される確率が非常に小さい場合に重みが過大となり推定値が不安定となる欠点をもつ．一方，後者は，データ観察確率の予測モデルに誤特定がある場合にも機能し得る手法であり，WGEE の欠点を補う可能性をもつ．

例題 6.4 **一般化推定方程式の例題** 図 6.1 の抗うつ薬の臨床試験（Nakajima et al, 2012）のデータにおいて，MADRS が 10 点未満となった場合を治療の成功（$Y=1$）と定義したときの各時点の処置群ごとの有効率を表 6.8 に要約する．なお，この研究ではデータ数が少なく多数の時点をモデルに含めることができないため，便宜的に 4 週以降のデータのみを数値例として用いる．表 6.8 では治療の成功かつ研究から脱落していないことをイベントと定義してい

表 6.8 時点ごとの各投与群の有効率の推移

week	対照群 ($n=21$)		処置群 ($n=20$)	
	$x/n^\$$	%	$x/n^\$$	%
4	2/21	(9.5)	2/20	(10.0)
6	1/21	(4.8)	5/20	(25.0)
8	3/21	(14.3)	10/20	(50.0)

$\$$：その時点で有効と判定されかつ脱落していない例数/無作為化された例数

表 6.9 時点ごとの各投与群の有効率の推移

week	対照群 ($n=21$)		処置群 ($n=20$)	
	$y/m^\$$	%	$y/m^\$$	%
4	2/15	(13.3)	2/20	(10.0)
6	1/15	(6.7)	5/18	(27.8)
8	3/15	(20.0)	10/18	(55.6)

$\$$：有効と判定された被験者数/脱落していない被験者数

るため，各時点ですべての個体が解析に含められ，欠測データの問題が生じない．一方，表6.9のデータでは，治療の成功のみをイベントと定義しているため，各時点で欠測データが生じていることがみてとれる．

このデータに以下の GEE モデルを当てはめる．

$$\mathrm{logit}(E[Y_{ijk}]) = \beta_0 + \beta_1 group_i + \beta_j week_j + \beta_{ij}(group_i \times week_j) \quad (6.28)$$

ここで，Y_{ijk} は処置 i ($i=1,2$)，時点 j ($j=1,2,\ldots,t$)，個体 k ($k=1,2,\ldots,n$) のイベントを表す結果変数である．結果変数である2値変数はベルヌーイ分布（つまり，合計は二項分布）に従い，リンク関数はロジット関数（二項確率を対数オッズに変換する関数）を用いる．ここでは，データ数が少ないため個体内の分散共分散行列は級内相関係数（CS）を指定し，各推定値の検定にはロバスト分散を用いた．

SAS を用いた解析結果を以下に示す．まず表6.10に，前者のイベントの定義（有効かつ脱落していないこと）の場合の各パラメータの推定値，各因子全体の検定および対比を用いて推定した各時点におけるオッズ比を示す．

ここでは，SAS のデフォルトとして，各因子の最後の水準を参照水準とするダミー変数が作成されている．例えば，（a）パラメータ推定値における群0の行に示されているパラメータ推定値は，8週時における対数オッズの差（対照群－処置群）を表す．（b）の結果より，研究全体を通じては，群の効果および群×時点の効果は有意でなく，時点の効果は有意である．更に，（c）の結

表 6.10 GEE モデルを用いた解析結果（イベント：治療の成功かつ非脱落）

(a) パラメータ推定値

パラメータ		点推定値	標準誤差	P 値
切片		−0.0000	0.4472	1.0000
群	0	−1.7918	0.7674	0.0196
	1	0.0000	0.0000	.
時点	4	−2.1972	0.7303	0.0026
	6	−1.0986	0.4472	0.0140
	8	0.0000	0.0000	.
群×時点	0 4	1.7377	1.0807	0.1078
	0 6	−0.1054	0.9690	0.9134
	0 8	0.0000	0.0000	.
	1 4	0.0000	0.0000	.
	1 6	0.0000	0.0000	.
	1 8	0.0000	0.0000	.

(b) 因子の検定（Type 3 平方和を使用）

要因	自由度	χ^2 統計量	P 値
群	1	2.89	0.0890
時点	2	11.60	0.0030
群×時点	2	2.60	0.2725

(c) 各時点のオッズ比の推定値

時点	オッズ比	95％信頼区間	P 値
4 週	1.06	(0.13, 8.31)	0.9590
6 週	6.67	(0.70, 63.19)	0.0983
8 週	6.00	(1.33, 27.00)	0.0196

果より，6週および8週時は有効のオッズ比が大きく8週時には2群間の有効率に有意差があることがわかる．なお，作成されたダミー変数から明らかなように，(c) の8週時の検定結果が (a) の群0の行のパラメータ推定値の検定結果と一致する．すべての統計解析に共通するが，パラメータ推定値の検定結果は，ダミー変数の作成法により解釈が変わるため注意が必要である．以上の解析は，イベントを治療の成功かつ研究から脱落していないことと定義した場合であるため，欠測データの問題を回避することができ，GEE を用いた解析の解釈も容易である．

次に，治療が有効であることのみをイベントとする場合の表6.9のデータのGEE モデルの解析結果を表6.11に示す．

この解析が妥当なためには，欠測メカニズムが MCAR であることを必要と

表 6.11 GEE モデルを用いた解析結果（イベント：治療の成功）
(a) 因子の検定（Type 3 平方和を使用）

要因	自由度	χ^2 統計量	P 値
群	1	0.91	0.3397
時点	2	13.56	0.0011
群×時点	2	3.65	0.1614

(b) 各時点のオッズ比の推定値

時点	オッズ比	95%信頼区間	P 値
4 週	1.00	(0.09, 5.25)	0.7243
6 週	2.73	(0.51, 14.53)	0.2388
8 週	4.25	(0.98, 18.49)	0.0536

する．この研究では，研究から脱落した個体が全集団からのランダムな集団であると仮定することは現実的ではない．このため，治療の成功のみをイベントとする場合に妥当性をもつ解析を行うためには，重み付け GEE（WGEE）などを行う必要がある．なお詳細は示さないが，この研究ではデータ数が少ないため，WGEE において一部の個体に対して非常に大きな重みが推定され，統合したオッズ比が不安定な値を示した．National Research Council (2010) でも指摘されているようにデータ数が少ない場合の WGEE の使用には注意が必要である．そのような場合には，重みで層化した GEE 等の方が安定した推定値を与えるであろう．

6.4 一般化線形混合効果モデル

最後に，GEE と同様，非正規分布の反復測定データの解析に使用できる統計手法である一般化線形混合効果モデル（generalized linear mixed-effects models, GLMM）について概説する．このモデルは SAS のプロシジャ名を用いて GLIMMIX と呼ばれることもある．GEE が周辺モデルであるのに対して，一般化線形混合効果モデルは変量効果を与えた下での条件付きモデルである．6.1 節で述べたように，結果変数が正規分布でない場合は，周辺モデルと条件付きモデルの固定効果パラメータは異なる解釈をもつため，両者は異なる

用途で使用される点に注意すべきである．前者が集団全体における治療効果を表すのに対して，後者は個体ごとの治療効果を表す．データモデルは，

$$g(E[Y_i|b_i])=\eta_i(\beta, b_i)=X_i^T\beta+Z_i^T b_i \quad (6.29)$$

と定式化される．GEE は周辺モデルであったが，一般化線形混合効果モデルは，一般化線形モデルにおいて変量効果 b_i を与えた下での条件付きモデルである．結果変数は，変量効果を与えた下で，リンク関数 $g(\cdot)$ を通じて共変量 X の線形関数となり，Y の分散は平均の関数となるという一般化線形モデルの条件付きモデルとして定式化される．

以下にモデルの主要な部分を要約する．

1) 変量効果を与えた下での反応変数 Y の確率分布に指数型分布族の確率分布を指定する（$V[Y_i|b_i]=\phi v(E[Y_i|b_i])$）．
2) 平均構造は，固定効果と変量効果の線形結合の関数で表す．
3) 同一個体内のデータ間の相関は変量効果を用いて表現する．変量効果を与えた下で個体内の各測定値は条件付き独立（conditional independence）であると仮定する．変量効果は多変量正規分布に従い，その分布は共変量によって変化しないと仮定する．

前述の周辺モデルである GEE では結果変数 Y が共変量 X のみに依存するのに対して，条件付きモデルである一般化線形混合効果モデルは Y が変量効果にも依存する点において異なる．そして，後者は Y に完全な同時確率分布を必要とする．固定効果パラメータの推定に際しては，次のように変量効果に関する尤度関数の積分が必要となる．

$$L(\beta, \phi, G)=\prod_{i=1}^{n}\int f(Y_i|b_i)f(b_i)db_i \quad (6.30)$$

一般化線形混合効果モデルでは，Y とパラメータの関係が非線形であるため，一般線形混合効果モデルのように固定効果の解を式で書けず，何らかの数値積分法を用いて上記の尤度を計算する必要が生じる．一般化線形混合効果モデルでよく使用される主な数値積分法は

1) ガウス求積法（Gaussian quadrature）
2) ラプラス型の近似法
3) テーラー展開に基づく近似法

である．最初のガウス求積法は，変量効果の範囲を Q 個に分割し，

6.4 一般化線形混合効果モデル

$$L(\beta, \phi, G) = \prod_{i=1}^{n} \sum_{q=1}^{Q} w_q f(Y_i | b_i = z_q) \quad (6.31)$$

のように β の周辺尤度関数を確率関数の重み付け和で計算する．ここで，z_q は変量効果を評価している点（node あるいは quadrature point と呼ばれる）であり，w_q はその点での重みである．z_q および w_q の計算アルゴリズムの詳細はここでは割愛する．Q を増やせばより正確な積分が可能であるが，変量効果が多次元の場合，Q を増やすと全体の計算量が指数的に増加し，計算不能となる場合も多い．また，変量効果の範囲を等間隔で積分する通常のガウス求積法に加え，変量効果の密度が濃い部分を中心により細かく積分する適応型ガウス求積法（adaptive Gaussian quadrature）などのアルゴリズムもある．

次のラプラス型の近似法はラプラスの近似式を用いる積分法であり，前述の適応型ガウス求積法で $Q=1$ の場合に相当する．変量効果を与えた下での Y の分布が正規分布に近い場合は積分の近似がよい（詳細は，Kim et al (2013) などを参照）．

最後のテーラー展開に基づく近似法は，PQL（penalized quasi-likelihood）法と MQL（marginal quasi-likelihood）法に大別されるが，MQL 法は周辺モデルパラメータの推定法であり，かつ性能が悪いことが多いため，ここでは PQL 法についてのみ解説する．PQL 法は，モデルを

$$Y_i = g^{-1}(X_i^T \beta + Z_i^T b_i) + e_i \quad (6.32)$$

と変形し，関数 $g^{-1}(\cdot)$ の項をテーラー展開することにより，Y をパラメータの線形関数で近似する．得られた擬似的な結果変数 Y（pseudo-response と呼ばれる）に線形混合効果モデル

$$Y_i^* = X_i^T \beta + Z_i^T b_i + e_i^* \quad (6.33)$$

を当てはめるパラメータ推定法である．理論的には擬似的なデータを用いた変量効果に関する罰則付き最尤法であるため penalized quasi-likelihood と呼ばれる．また，pseudo-quasi-likelihood 法と呼ばれることもある．PQL 法は，ガウス求積法のように直接的に積分を行わず，近似に基づく点に留意する必要がある．特に，Y が2値変数で個体数に対して繰り返し数が少ない場合には性能が低下することが多く報告されている．また，MQL 法は PQL 法で $b_i=0$ におけるテーラー展開に基づくものであり周辺モデルのパラメータ推定値を与え，条件付きモデルのパラメータ推定値とは解釈が異なる．また，b_i の変動が0に

近くなければ推定値にバイアスが入る.

　以上,一般化線形混合効果モデルの固定効果のパラメータ推定では,データの確率分布が離散型であるため,変量効果に関する尤度関数の積分を式で明示的に記述できず,様々な数値積分法あるいは近似法が提案されている.適応型ガウス求積法が最も正確に尤度関数を求めるが,変量効果が多次元の場合には計算不能となる場合がある (Kim et al, 2013).変量効果に関する積分の近似法として,ラプラス法やPQL法もあるが性能がよくない場合も多いため,一般化線形混合効果モデルにおける積分方法は慎重に選択すべきである.

例題 6.5　**一般化線形混合効果モデルの例題**　GEEの例題で用いた,抗うつ薬の臨床試験 (Nakajima et al, 2012) の有効率に関するデータを一般化線形混合効果モデル (GLMM) で解析する.繰り返しになるが,GEEと一般化混合効果モデルは共に反復測定データの解析に使用できるが,それぞれ周辺モデルと条件付きモデルであり,固定効果パラメータの解釈が異なる.このため,両手法の解析結果を直接比較することは正しくない.一般化混合効果モデルは,

$$\mathrm{logit}(E[Y_{ijk}|b_{0k}]) = \beta_0 + \beta_1 group_i + \beta_j week_j + \beta_{ij}(group_i \times week_j) + b_{0k} \quad (6.34)$$

を考える.ここで,Y_{ijk} は処置 i ($i=1, 2$),時点 j ($j=1, 2, \ldots, t$),被験者 k ($k=1, 2, \ldots, n$) のイベントを表す反応変数であり,b_{0k} は被験者 k の変量切片である.反応変数は二項分布に従い,リンク関数はロジット関数を用いる.被験者内の共分散行列は変量効果を与えた下で独立型を指定し,変量効果に関する積分は適応型ガウス求積法 ($Q=200$) を用いた.イベントが治療の成功かつ研究からの脱落なしの場合のパラメータ推定値を表 6.12 に示す.

　出力はGEEの結果と同様であるが,例えば,GLMMの群0の行のパラメータ推定値は,対数オッズの尺度における各個体の推定値の分布を考えたときの,2群の間の平均値の差である.したがって,$\exp(\hat{b})$ も,GEEや一般化線形モデルのように集団全体におけるオッズ比と解釈できない.GLMMは,あくまでも個体ごとの処置効果の推定値と解釈すべきである.なお,このデータにおいて,PQL法による群効果のパラメータ推定値は,-2.1401 ($P=0.0369$) であり推定値に大きな違いがみられた.変量効果の積分法の選択には注意が必要である.また,ここでは例題として,少数例のデータにGLMMを適用したが,GLMMの複雑さを考えるとGLMMはデータ数が一定数以上の場合に使

表6.12 GLMMモデルのパラメータ推定値（イベント：治療の成功かつ非脱落）

パラメータ		点推定値	標準誤差	P値
切片		0.08138	1.2260	0.9474
群	0	-4.7308	2.5553	0.0679
	1	0.0000	0.0000	.
時点	4	-5.9224	2.7062	0.0316
	6	-3.0953	1.6897	0.0708
	8	0.0000	0.0000	.
群 × 時点	0 4	4.9960	2.9081	0.0898
	0 6	0.8909	2.2024	0.6870
	0 8	0.0000	0.0000	.
	1 4	0.0000	0.0000	.
	1 6	0.0000	0.0000	.
	1 8	0.0000	0.0000	.

用すべきであると考えられる．

6.5 統計ソフトウェア

本節では，反復測定データの統計解析ソフトの使用法を紹介する．第5章と同様，統計ソフトウェア SAS (version 9.3) のプログラミングコードを主に示す．まず，結果変数が連続型の場合の線形混合効果モデルのコードを例示する．

(1) 線形混合効果モデル

1) クロスオーバー試験

SAS PROC GLM を使用した解析（欠測データがない場合）

```
PROC GLM DATA=crossover;
    CLASS panel id drug period;
    MODEL y=panel panel(id) period drug / ss3;
    TEST H=panel E=panel(id);
RUN;
```

SAS PROC MIXED を使用した解析（線形混合効果モデル）

```
PROC MIXED DATA=crossover;
    CLASS panel id drug period;
    MODEL y=panel period drug/ DDFM=SATTERTHWAITE;
    RANDOM id;
RUN;
```

ここで，SAS の PROC GLM は最小二乗法に基づき一般線形モデルをデータに当てはめる関数であるため，無視可能な欠測メカニズムは MCAR となる（基本的に欠測データがない場合の手法である）．一方，PROC MIXED は最尤法に基づき一般線形混合効果モデルを当てはめるもので，無視可能な欠測メカニズムは MAR である．

2）経時測定データ

次に経時測定データの解析コード（周辺モデルで共分散構造は無構造）を以下に例示する．ここでは，ESTIMATE ステートメントを用いて各時点の最小二乗平均の群間の差を推定している．

SAS PROC MIXED を使用した解析（線形混合効果モデル）

```
PROC MIXED DATA=d0;
  CLASS id trt week;
  MODEL y = trt week trt*week / S DDFM=KENWARDROGER;
  REPEATED week / SUBJECT=id TYPE=UN;
  ESTIMATE 'Between at T1' trt -1 1 trt*week -1 0 0 1 0 0 / CL;
  ESTIMATE 'Between at T2' trt -1 1 trt*week 0 -1 0 0 1 0 / CL;
  ESTIMATE 'Between at T3' trt -1 1 trt*week 0 0 -1 0 0 1 / CL;
RUN;
```

(2) 一般化推定方程式（GEE）

次に，結果変数がカテゴリカル型の場合の統計手法のプログラミングコードを例示する．ここでは，反復測定型のデザインから収集されたデータを想定する．

1) 結果変数が2値変数の場合

SAS PROC GENMOD を使用した解析（GEE，二項分布）
```
PROC GENMOD DATA=d0 DESCENDING;
  CLASS subject grp time;
  MODEL y = grp time grp*time / DIST=BINOMIAL LINK=LOGIT;
  REPEATED SUBJECT=id / WITHINSUBJECT=time TYPE=UN;
RUN;
```

2) 結果変数がポアソン分布に従う場合

SAS PROC GENMOD を使用した解析（GEE，ポアソン分布）
```
PROC GENMOD DATA=d0 DESCENDING;
  CLASS subject grp time;
  MODEL y = grp time grp*time / DIST=POISSON LINK=LOG;
  REPEATED SUBJECT=id / WITHINSUBJECT=time;
RUN;
```

(3) 重み付け一般化推定方程式（WGEE）

各被験者が各時点で欠測しない確率の推定は，ロジスティック回帰モデルを繰り返し当てはめることにより推定できる．そして，PROC GENMOD の SCWGT ステートメントにその確率の逆数を重みとして指定することにより重み付け GEE を実行できる．また，www.missingdata.org.uk などから無料でマクロプログラムも提供されているので参照されたい．

(4) 一般化線形混合効果モデル

最後に，条件付きモデルである一般化線形混合効果モデル（結果変数：二項分布，リンク関数：ロジット）のコードを以下に例示する．

SAS PROC GLIMMIX の例（変量効果の積分：適応型ガウス求積法）
```
PROC GLIMMIX DATA=d0 METHOD=QUAD(QPOINTS=200);
  CLASS subject grp time;
  MODEL y = grp time grp*time / DIST=BINOMIAL LINK=LOGIT S;
  RANDOM INTERCEPT / SUBJECT=subject;
RUN;
```

6.6 本章のまとめ

　本章では反復測定データの統計解析手法を紹介し，各手法の欠測値への対処および無視可能な欠測メカニズムを要約した．各個体から繰り返しデータを収集する反復測定デザインの研究では，反復測定値の間に相関が生じるため，測定値間に独立性を仮定する通常の分散分析型の線形モデルを使用できず，相関のモデル化が必要となる．結果変数が連続型の場合には，誤差項に正規分布を仮定するパラメトリックな線形混合効果モデルを使用できる．周辺モデルと条件付きモデルの2種類のモデル化があるが，Y が連続型の場合は固定効果パラメータの解釈が両者で一致する．一方，線形混合効果モデルでは，変量効果あるいは個体内の反復測定値間の相関構造の指定が固定効果パラメータの推定に影響を与えるため，相関構造を注意深く選択する必要がある．時点をカテゴリカル変数として扱い，時点ごとのデータ数が十分に確保されている場合は，相関構造に無構造を指定することが好ましい．ただし，個体数に比べ時点数が多い場合などは，時点をカテゴリカルデータとして扱うことや複雑な相関構造を指定できない場合もあり，研究ごとに最適なモデルを考える必要がある．

　反復測定データでは個体の脱落などによりデータに欠測が生じる場合が多いが，線形混合効果モデルは個体ごとに次元の異なる結果変数ベクトルをモデル化できるため，観察されたデータをすべて解析に含めることができる．また，パラメータ推定には最尤法を使用するため，無視可能な欠測メカニズムはMAR または MCAR である．つまり，Y_{obs} を与えれば，データの欠測値 Y_{mis} をデータが完全である他の個体の経時プロファイルで説明（あるいは予測）できる場合，欠測を無視した通常の混合効果モデルによる解析は妥当性をもつ．一方，本書では詳細に解説しなかったが，最小二乗法に基づく反復測定分散分析は欠測メカニズムに MCAR を仮定し，データが不完全な個体を自動的に解析から除外する統計ソフトが多いため注意が必要である．

　結果変数が2値データのように非正規分布の場合には，周辺モデルであるGEE および条件付きモデルである一般化線形混合効果モデル（GLMM あるいは GLIMMIX）が使用できる．一般線形混合効果モデルと違い，両者の固定効果パラメータの解釈はまったく異なるため，推測対象ごとに統計モデルを使い

分ける必要がある．前者は集団全体に対するモデルであり，後者は個体ごとのモデルである．GEE は結果変数の確率分布の低次のモーメントのみを用いるモデルで，完全な確率分布の情報をパラメータ推定に使用しない．また，平均構造と共分散構造を別々にモデル化するため，作業相関行列を誤特定した場合でも固定効果パラメータの一致推定量を得ることができるロバストな手法である．その代償としてパラメータ推定は最尤法でなく重み付け最小二乗法に基づき行うため，無視可能な欠測メカニズムには MCAR を要する．実際のデータにおいて欠測メカニズムが MCAR である場合は非常に限定されるため，MAR の下でも妥当性をもつように重み付け GEE（WGEE）あるいは augmented WGEE などの手法が提案されている．ただし，現在のところ，それらの手法を統計ソフトで自動的には実行できず，若干のプログラミングが必要である．一方，条件付きモデルである GLMM の無視可能な欠測メカニズムはMAR であるが，前述のように固定効果パラメータを集団全体の平均効果と解釈できない点を理解しモデルを使用する必要がある．更に，GLMM を使用する際は，変量効果の積分方法の選択も重要となる．適応型ガウス求積法が他の近似法（ラプラス法や PQL 法）よりも正確な場合が多いが，複雑な階層をもつような研究デザインに対して多くの変量効果を使用する際には計算量が膨大となり，適応型ガウス求積法が使用できず，ラプラス法や PQL 法などの近似法が唯一の選択肢となるような場合もある．そのような場合，感度分析により結果の頑健性を評価することが特に重要である．

　以上，第 6 章では欠測メカニズムが MAR あるいは MCAR の場合に妥当性をもつ反復測定データの統計手法を主に解説したが，次章では，欠測メカニズムが MNAR（missing not at random）の場合の統計手法を考える．その場合，観察されたすべてのデータ Y_{obs} に加え，欠測メカニズムを表す確率変数 M も解析モデルで考慮する必要が生じる．MAR はデータのみから検証不可能であるため，MAR からの逸脱に対する結果の感度を評価することが重要となる．MNAR の手法はそのような感度分析の際に必要となる．

Chapter 7

MNAR の統計手法

　本章では,観察されたデータ Y_{obs} のみで欠測値を説明できず,観察されなかった値 Y_{mis} 自体に依存してデータが欠測する,いわゆる missing not at random (MNAR) の場合の統計手法をまとめる.パターン混合モデルと選択モデルの 2 種類に大別される.観察されたデータ Y_{obs} のみから MAR の妥当性を判定できないため,MNAR の手法を用いた感度分析が重要となる.7.1 節で MNAR モデル,7.2 節でパターン混合モデル,7.3 節で選択モデルについて述べる.最後に 7.4 節でまとめを行う.

7.1　MNAR のモデル

　第 6 章で述べたように,欠測メカニズムに MAR を仮定する統計手法(多重補完法,線形混合効果モデル,重み付け GEE など)は,多くの研究の主解析モデルとして適切であると考えられる (Little et al, 2012).それは,例えば欠測値をうまく予測するような変数(共変量,補助変数あるいは研究からの脱落直前の結果変数)を多重補完法の補完モデルに含めることにより,MAR が成立する可能性を高めることができるためである.ところが,これまで述べてきたように,観察されたデータのみから欠測メカニズムが MAR であるか否かを判定できないのも事実である.それは,$f(M|Y_{obs},Y_{mis})=f(M|Y_{obs})$ か否かを調べるためには,決して値が観察されない欠測値 Y_{mis} と M の関係性の情報が必要となるからである.そのため,主解析モデルを MAR の統計手法とする場合でも,MAR の仮定からの逸脱に対する解析結果の感度を評価するような感度分析 (sensitivity analysis) が重要となる.MNAR (missing not at random) の統計手法は,観察されたデータ Y_{obs} のみの確率分布 $f(Y_{obs}|\theta)$ でなく,観察

されたデータと欠測の有無を表す確率変数 M の同時分布 $f(Y_{obs}, M|\theta, \phi)$ に基づく統計手法であり，MAR からの逸脱の影響の大きさをみる感度分析に使用できる．MNAR の手法は，尤度関数 $f(Y_{obs}, M|\theta, \phi)$ の分解の仕方により，パターン混合モデルと選択モデルに大別され，それぞれデータモデルのパラメータに関する解釈が異なる．本章では，これら 2 つの MNAR の統計手法について概説する．まず，パターン混合モデルから解説する．

7.2 パターン混合モデル

パターン混合モデル（pattern-mixture models）は，経時測定データの文脈で Little (1993, 1994) により提案された MNAR のモデルであり，大まかにいうと，(1) 欠測のパターンを事前に定義し，(2) 欠測パターンを与えた下でのパラメータ推定値を計算し，(3) 最後にそれらを統合する方法である．手順は，第 5 章で解説した多重補完法と似ており，後述するように，実際に多重補完法を用いてパターン混合モデルの解析を行う方法も提案されている．パターン混合モデルの定式化は，Y と M の完全な尤度関数を

$$f(Y_{obs}, Y_{mis}, M|\theta, \phi) = f(Y_{obs}, Y_{mis}|M, \theta) f(M|\phi) \tag{7.1}$$

と分解することに基づく．つまり，同時分布を，欠測パターン M を与えた下での結果変数 Y の条件付き分布と各欠測パターンの確率の積で表現する．これは，全集団における $\mu = E[Y]$ を，各欠測パターンを与えたときの Y の条件付き期待値の重み付き平均で推定することを示唆する．欠測パターン M を与えた下での推定値を統合するため，Y_{obs} を与えた下で M と Y_{mis} が独立でない MNAR の下でも妥当な解析となる．

パターン混合モデルをデータに当てはめる際は，データ (Y_{obs}, M) を用いて何らかの方法で $Y_{mis}|M$ を決める必要がある．大きく分けると，(1) 制約（restriction）を用いる方法，(2) 感度パラメータを用いる方法，(3) いくつかのシナリオの下で多重補完法を利用する方法などがある．以下にそれぞれについて概説する．

(1) 制約を用いる方法

パターン混合モデルは，モデルの定式化から明らかなように，欠測のパターンを与えた下での Y_{mis} の分布に関する何らかの制約（restriction）を用いなけ

れば観察されたデータ Y_{obs} のみから Y の平均パラメータの推定が可能とならない．このように Y_{obs} のみから未知パラメータを推定できることを identifiable という．パターン混合モデルにおいて使用される制約は，

1) CCMV（complete-case missing value）
2) NCMV（neighboring-case missing value）
3) ACMV（available-case missing value）

などがある（Molenberghs and Kenward, 2007）．CCMV は各欠測パターンにおける Y_{mis} の確率関数を complete-case（CC）の確率関数で近似し，NCMV は最も欠測パターンが近い集団の確率関数を用い，ACMV はすべての欠測パターンの確率関数の重み付き平均で近似する．最終的に，欠測パターンに関する統合により得た全集団の平均の推定量の標準誤差 $SE[\hat{\mu}]$ は，デルタ法などにより数式で求める方法（Hogan and Laird, 1997）やブートストラップ法で近似的に求める方法がある．前者は反復測定データで時点の数が多い場合に計算が複雑化する．

(2) 感度パラメータを用いる方法

前述のパターン混合モデルでは，何らかの制約を導入し欠測パターンごとの Y_{mis} の分布を決めたが，ここでは，より直接的に感度パラメータを用いて，欠測パターンごとの確率分布を決める方法を紹介する．簡単な例として，処置前後の2つの変数 Y_1 と Y_2 があり Y_2 のみに欠測が生じる場合を考える．ここでは，Y_2 が観察された場合に $R=1$，欠測した場合に $R=0$ となる2値変数を用いる．つまり，$R=1-M$ である．このとき，

$$E[Y_2|Y_1=y_1, R_2=0]=E[Y_2|Y_1=y_1, R_2=1]+\Delta \qquad (7.2)$$

のように，データが欠測している集団の条件付き期待値（回帰直線）が欠測していない集団よりも Δ だけシフトしている場合を考える．Δ は感度パラメータと呼ばれ，欠測メカニズムが MAR であれば $\Delta=0$ である．また，Y が連続型の変数でない場合は，

$$E[Y_2|Y_1=y_1, R_2=0]=g^{-1}(g(E[Y_2|Y_1=y_1, R_2=1])+\Delta) \qquad (7.3)$$

というモデルが考えられる．ここで g はリンク関数とする．そして，集団全体の平均 μ は，π を $R=1$ の集団の比率とすると，重み付き平均

$$\mu=\pi E[Y_2|Y_1=y_1, R_2=1]+(1-\pi)g^{-1}(g(E[Y_2|Y_1=y_1, R_2=1])+\Delta) \qquad (7.4)$$

で表現でき，その推定量は，

$$\hat{\mu} = \frac{\sum_i^n R_i}{n} \frac{\sum_i^n R_i \hat{\eta}(y_1)}{\sum_i^n R_i} + \frac{\sum_i^n (1-R_i)}{n} \frac{\sum_i^n (1-R_i) g^{-1}(g(\hat{\eta}(y_1)) + \Delta)}{\sum_i^n (1-R_i)}$$

$$= \frac{1}{n}\left(\sum_i^n R_i \hat{\eta}(y_1) + \sum_i^n (1-R_i) g^{-1}(g(\hat{\eta}(y_1)) + \Delta)\right) \quad (7.5)$$

となる．ここで，$\hat{\eta}(y_1) = \hat{\beta}_0 + \hat{\beta}_1 y_1$ のような回帰モデルを考える．そして，平均の推定値の標準誤差はブートストラップ法などで推定できる．例えば 2 群の場合には，現実的な感度パラメータの組 (Δ_T, Δ_C) の範囲で感度分析を行い，研究の結論の頑健性を評価する．

次に，単調な欠測パターンの反復測定データに対するパターン混合モデルを例示する．問題を単純化するためにベースライン値 Y_1 と処置後の時点が 3 つの場合を考える．ここでは，Kenward et al (2003) が用いた MNFD（missing non-future dependent），つまり，ある時点の変数の欠測はその時点より後の時点のその変数の値には依存しないという仮定をおく．このとき，各時点で脱落していない集団の平均を

$$\begin{aligned}
E[Y_1|L \geq 2] &= \mu_1 \\
E[Y_2|Y_1, L \geq 3] &= \mu_2 + \beta_1 Y_1 \\
E[Y_3|Y_1, Y_2, L \geq 4] &= \mu_3 + \beta_{22} Y_2 + \beta_{21} Y_1 \\
E[Y_4|Y_1, Y_2, Y_3, L \geq 5] &= \mu_4 + \beta_{33} Y_3 + \beta_{32} Y_2 + \beta_{31} Y_1
\end{aligned} \quad (7.6)$$

という回帰モデルで記述すると，第 3 章で述べたように欠測パターンが単調であるため，各パラメータは推定可能である．ここで，L は各集団の最終時点を表す．脱落した集団の平均は同じ回帰モデルで表現できるが，前述のように平均がシフトするモデルを考える．例えば，時点 2 で脱落した集団の Y の平均は，$E[Y_2|Y_1, L=2] = \mu_2^* + \beta_1^* Y_1$ のように表現される．ここで，$\mu_2^* = \mu_2 + \Delta_{\mu 2}$，$\beta_1^* = \beta_1 + \Delta_{\beta 1}$ と書きなおすと，$\Delta_{\mu 2}$ と $\Delta_{\beta 1}$ が感度パラメータとなる．これらのパラメータの範囲を設定し，前述のようにパターン混合モデルを実行できる．

(3) 多重補完法を用いたパターン混合モデル

本節の最後に，多重補完法を用いたパターン混合モデルを紹介する．多重補完法の Rubin の方法を用いて，推定値の標準誤差を自然に求めることができ，柔軟性も高い方法である．パターン混合モデルで多重補完法を用いる根拠は，尤度関数（7.1）が

$$f(Y_{obs}, Y_{mis}|M, \theta) f(M|\phi) \propto f(\theta|Y_{mis}, Y_{obs}, M) f(Y_{mis}|Y_{obs}, M) f(M|\phi) \quad (7.7)$$

と分解される点にある．つまり，欠測パターンを与えた下で，多重補完法により Y_{mis} の事後予測分布からのランダム抽出値を生成し，Y_{mis} を与えた下での θ の条件付き分布を平均化することによりパラメータ推定値を得る，という手順が示唆される．欠測パターンごとに多重補完法に基づき欠測への補完を行い，Rubin の方法で解析結果を統合すれば，欠測への補完に伴う不確実性を考慮したパターン混合モデル解析となる．

ここでは，結果変数が連続型である経時測定研究において，推測対象となるパラメータを2群（処置群と対照群）の間で比較する場合を考える．統計モデルは，第6章の反復測定のデータ解析で用いた，群および時点ごとに平均パラメータをもつモデルを想定する．以下に，多重補完法を用いたパターン混合モデルの実施手順を示す（詳細は Carpenter and Kenward（2013）を参照）．

多重補完法を用いたパターン混合モデルの実施手順

1) 群ごとに，MAR を仮定し，Y_{obs} をすべて用いて多変量正規分布をデータに当てはめ (μ, Σ) を推定する．
2) 群ごとに，例えばマルコフチェーン・モンテカルロ法を用いて，事後分布から (μ, Σ) のランダム抽出値を得る．
3) 脱落した各被験者に対して，2) のランダム抽出値を基に，後述の5つの方法のいずれかを用い，Y_{obs} と脱落前後の Y_{mis} の同時分布を作成する．
4) 脱落した各被験者に対して，3) の同時分布を用いて Y_{obs} を与えた下での Y_{mis} の条件付き分布を作成し，そこからのランダム抽出値を用いて欠測値を補完する．
5) 2)〜4) を m 回繰り返し m 組の擬似的な完全データを作り，通常の統計手法による解析を m 回繰り返し，多重補完法の Rubin の方法を用いて m 組の解析結果を統合する．

この手順の中で，脱落した被験者の集団における Y_{obs} と Y_{mis} の同時分布を作成する手順3) が重要である．以下に，脱落後の Y_{mis} の平均の5つの補正法を概説する．

方法1：randomised-arm MAR
方法2：jump to reference
方法3：last mean carried forward

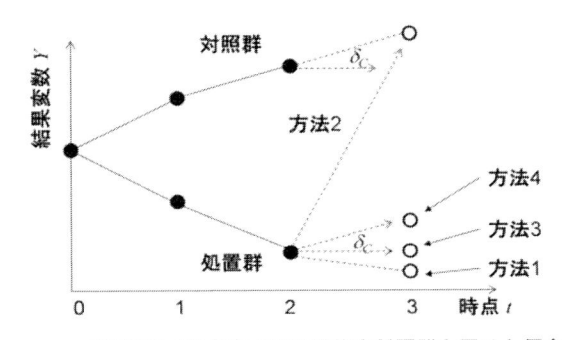

7.2 パターン混合モデル

図7.1 多重補完法を用いたパターン混合モデルの例の概念図

方法4：copy increment in reference
方法5：copy reference

各方法は，欠測のパターンごとに，各処置群で脱落した被験者の各時点における Y_{mis} の事後平均を以下の手順で生成する．各方法の概念図を図7.1に示す．方法1は，各処置群で脱落した被験者について，その後の時点は各群のMARの手法による推定値を事後平均とする．方法2はやや極端な方法であるが，処置群で脱落した被験者はその後の時点は対照群の平均を事後平均とする．対照群の被験者は対照群の平均を用いる．方法3は，LOCFに似た方法であるが，処置群で脱落した被験者はその後の時点はその時点の処置群の平均を最終時点まで事後平均とする．方法4は，方法2ほど極端な方法でなく，処置群で脱落した被験者のその後の平均は処置群の脱落した時点の平均に対照群の傾きを加えたものを事後平均とする．方法5は，方法2のように脱落後に対照群の平均推移となるのでなく，脱落前も含めすべての時点の事後平均を対照群の平均推移で置き換える．

上記の方法1～5で，脱落した被験者の集団の各時点の Y_{mis} の平均ベクトルは求められるが，分散共分散行列の補正も必要である．以下に，方法2（jump to reference）の補正法を例示する．まず，対照群，処置群および処置群で脱落後に対照群の平均を補完した群の分散共分散行列を，それぞれ

$$\boldsymbol{\Sigma}_r = \begin{bmatrix} \boldsymbol{R}_{11} & \boldsymbol{R}_{12} \\ \boldsymbol{R}_{21} & \boldsymbol{R}_{22} \end{bmatrix}, \quad \boldsymbol{\Sigma}_a = \begin{bmatrix} \boldsymbol{A}_{11} & \boldsymbol{A}_{12} \\ \boldsymbol{A}_{21} & \boldsymbol{A}_{22} \end{bmatrix}, \quad \boldsymbol{\Sigma} = \begin{bmatrix} \boldsymbol{\Sigma}_{11} & \boldsymbol{\Sigma}_{12} \\ \boldsymbol{\Sigma}_{21} & \boldsymbol{\Sigma}_{22} \end{bmatrix} \tag{7.8}$$

とする．ここで分割行列は，脱落前と脱落後の分散共分散行列を表す．例えば，R_{11} は対照群における脱落前の結果変数ベクトルの分散共分散行列である．このとき，分散共分散行列の正値定符号性を保つために，次の条件が必要である．

$$
\begin{aligned}
&\Sigma_{11} = A_{11} \\
&\Sigma_{21}\Sigma_{11}^{-1} = R_{21}R_{11}^{-1} \\
&\Sigma_{22} - \Sigma_{21}\Sigma_{11}^{-1}\Sigma_{12} = R_{22} - R_{21}R_{11}^{-1}R_{12}
\end{aligned} \tag{7.9}
$$

したがって，これを解くと，脱落後の値を補完したデータの分散共分散行列 Σ は，

$$
\begin{aligned}
&\Sigma_{11} = A_{11} \\
&\Sigma_{21} = R_{21}R_{11}^{-1}A_{11} \\
&\Sigma_{22} = R_{22} - R_{21}R_{11}^{-1}(R_{11} - A_{11})R_{11}^{-1}R_{12}
\end{aligned} \tag{7.10}
$$

となる．これらの平均と分散共分散行列を用いて，多重補完法を利用したパターン混合モデルを実施する．なお，このパターン混合モデルを実行するためのSASマクロは www.missingdata.org.uk などから利用可能である．

例題 7.1 **多重補完法を用いたパターン混合モデル解析** ここでは，6.1.6項の例題6.3の中で示した抗うつ薬の臨床試験の経時測定データを，多重補完法を用いたパターン混合モデルを用いて解析する．第6章では，欠測メカニズムにMARを仮定し，結果変数をMADRSのベースラインからの変化量，処置群，時間，処置群×時間を固定効果とする線形混合効果モデル（共分散構造は，無構造，CS，AR(1)の場合を評価）を用いて解析した．推測対象となるパラメータは，最終時点におけるMADRSの平均変化量の2群の間の差である．

表7.1に，前述の多重補完法を用いたパターン混合モデルの方法1～方法5を用いて解析した結果を示す．多重補完法の補完回数は $m=100$ とした．パターン混合モデルの中で最も極端なケースを想定する jump to reference で2群間の差が最小となったが，欠測メカニズムにMARを仮定する線形混合効果モデルの解析結果と質的に同様の解析結果であり，MARの解析結果の頑健性が示唆された．

表 7.1 抗うつ薬の臨床試験データの感度分析
(多重補完法 ($m=100$) に基づくパターン混合モデル)

解析手法	群間差の推定値	標準誤差	95%信頼区間
CC 解析	-12.25	4.22	$(-21.0, -3.5)$
AC 解析	-11.94	3.81	$(-19.7, -4.2)$
MMRM (UN)	-10.44	4.04	$(-18.7, -2.2)$
MMRM (CS)	-11.44	2.87	$(-17.1, -5.8)$
MMRM (AR(1))	-10.93	2.92	$(-16.7, -5.1)$
PMM-MAR[$]	-9.93	4.42	$(-19.1, -0.8)$
PMM-JtoC[$]	-9.52	4.41	$(-18.5, -0.5)$
PMM-LMCF[$]	-10.91	4.36	$(-19.9, -1.9)$
PMM-CDC[$]	-10.29	4.28	$(-19.0, -1.6)$
PMM-CC[$]	-10.40	4.22	$(-19.0, -1.8)$

[$]: PMM (pattern-mixture models) の MAR〜CC は, 7.2 節 3) 項の多重補完法を用いたパターン混合モデルの方法 1〜方法 5 に対応

7.3 選択モデル

選択モデル (selection models) は, パラメトリックモデルとセミパラメトリックモデルが提案されている. 前者は, Rubin (1974) や Heckman (1976) により提案され, Diggle and Kenward (1994) により経時測定データの文脈に拡張された. 後者のセミパラメトリックモデルは, Robins et al (1995) や Rotnitzky et al (1998) により様々な手法が提案されている. 選択モデルの本質的な部分は, データを用いて欠測確率 $f(M|Y_{obs}, Y_{mis})$ をモデル化する点にある. 欠測の有無は何らかの選択と考えられるため選択モデルと呼ばれる. モデルの定式化では, Y と M の完全な尤度関数を

$$f(Y_{obs}, Y_{mis}, M|\theta, \phi) = f(Y_{obs}, Y_{mis}|\theta) f(M|Y_{obs}, Y_{mis}, \phi) \quad (7.11)$$

と分解する. 右辺の 2 番目の密度が選択に関する予測であるが, 選択モデルは, 同時密度を, データの周辺分布とデータを与えたときの欠測有無の条件付き分布の積に分解することを意味する. 前者にはデータが連続型の変数の場合, 多変量正規分布を仮定することが多く, 後者にはロジスティック回帰モデルやプロビット回帰モデルなどを仮定する.

簡単な例として, パターン混合モデルで考えた, 処置前後の 2 つの変数 Y_1

と Y_2 があり Y_2 のみに欠測が生じる場合を考える．Y_2 が観察される確率のロジット関数を

$$\text{logit}(P(R_2=1|Y_1, Y_2)) = \gamma_0 + \gamma_1 Y_1 + \beta Y_2 \tag{7.12}$$

とモデル化する．つまり，Y_2 の観察に関する対数オッズが Y_1 と Y_2 の線形関数となることを仮定する．ここで，$\beta=0$ であれば MAR である．そして，上式は，$\gamma_0 + \gamma_1 Y_1 = \eta(Y_1)$ とおくと，

$$\frac{P(Y_2|Y_1, R_2=1)}{P(Y_2|Y_1, R_2=0)} \propto \exp(\beta Y_2) \times \exp(\eta(Y_1)) \tag{7.13}$$

と変形できる．この式からも β が感度パラメータとなっていることがわかる．パターン混合モデルの感度パラメータが，データが欠測している集団と欠測していない集団の間の平均の差を直接的に表すのに対して，選択モデルの感度パラメータは解釈が難しい．そして，選択モデルでは集団全体の平均を，

$$E[Y_2] = E\left[\frac{R_2 Y_2}{P(R_2=1|Y_1, Y_2)}\right] \tag{7.14}$$

に基づき推定する．この式は，逆確率重み付け（IPW）法に基づく以下の推定量，

$$\hat{\mu}_{IPW} = \frac{1}{n} \sum_i^n \frac{R_{2i} Y_{2i}}{\hat{p}(R_{2i}=1|Y_{1i}, Y_{2i})} \tag{7.15}$$

を示唆する．ここで，

$$\hat{p}(R_2=1|Y_1, Y_2) = \frac{1}{1 + \exp(-(\hat{\gamma}_0 + \hat{\gamma}_1 y_1 + \hat{\beta} y_2))} \tag{7.16}$$

は Y_2 が観察される確率の推定値であるが，説明変数の中にデータが欠測している変数 Y_2 が含められているため，ロジスティック回帰分析により γ_0 および γ_1 を推定できない．ここでは，方程式

$$\sum_i^n \frac{\partial \eta(Y_1)}{\partial \gamma} \left[\frac{R_{2i} Y_{2i}}{\hat{p}(R_{2i}=1|Y_{1i}, Y_{2i})} - 1\right] = 0 \tag{7.17}$$

を解く必要がある（詳細は Little et al, 2012 を参照）．これらの解と感度パラメータの値を式に代入することにより，選択モデルに基づく平均の点推定値を得る．標準誤差は，ロバスト分散（経時測定データの文脈では，Rotnitzky et al（1998）を参照）あるいはブートストラップ法を使用して推定する．そして，感度パラメータ β の何らかの範囲で感度分析を行い，研究結果の頑健性

を評価する.

7.4 本章のまとめ

　本章では，欠測メカニズムがMNARの場合の統計手法として，パターン混合モデルと選択モデルについて解説した．MNARは，データが欠測していない集団と欠測している集団の間で，データ (Y_{obs}, Y_{mis}) の分布に何らかの差があることを意味し，MNARの手法では，それを感度パラメータで表現する．そして，いくつかの感度パラメータの下で解析結果の変化を評価し，主解析の結果の頑健性を評価する．欠測データのすべての統計手法は，Y_{mis} を直接観察できないという最大の問題点を抱えるため，欠測メカニズムがMARでない場合にも妥当性をもつMNARの手法を用いた感度分析が重要となる．

　パターン混合モデルと選択モデルは，データ Y と欠測の有無 M の同時分布の分解の仕方により分類される2つのモデルであるが，前者は欠測パターンごとの結果変数のモデルに焦点を当て，後者は共変量を用いて欠測の有無を予測することに焦点を当てる．共に，データが欠測している集団と欠測していない集団の間で，共変量を与えたときの結果変数の条件付き分布が異なることを許容するモデルであり，MNARの下でも妥当性をもつ．しかし他のすべての統計手法と同様，MNARの統計モデルも追加の仮定を要する．前者は，データが欠測していない集団と欠測している集団の間の平均の差 Δ を感度パラメータとするため，その解釈が容易であるという長所がある．一方，後者の感度パラメータは，欠測に依存する変数が1単位変化したときの対数オッズの変化量を意味し，解釈が難しいという短所がある．ただし，選択モデルは補助変数を活用しやすいという長所をもつ．

　臨床試験データにおける欠測データの対処法に関するガイドライン文書 (Little et al, 2012) では，多くの研究で主解析の統計モデルにMARの統計手法を用いることは適切であるが，得られたデータのみからMARの妥当性を判定できないため，MNARの感度分析の結果を報告書に含めるべきであると推奨している．また，感度分析を行う際は，その仮定を明らかにし，研究結果に影響を及ぼす感度パラメータの範囲を示すことは重要である．ただし，理論および統計ソフトウェアも含め，感度分析に関するものは開発途上である．特

に，経時測定データの解析で非単調な欠測パターンに対する手法は，現在の所，コンセンサスの得られたものはない．現状では，利用できる手法やソフトを用いて，主解析の仮定からの逸脱の影響を様々な角度から慎重に評価することが重要であろう．

おわりに

　近年，統計学を用いて，データに基づく定量的・客観的な評価を行う試みが活発化している．これは，統計ソフトウェアの普及に伴い，複雑な統計手法を比較的容易に使用できるようになった点と無関係ではない．様々な場面で統計学が活用されるようになったが，実際のデータ解析では様々な問題が生じ，その1つが欠測データの問題である．欠測データの問題が，実務者を悩ませるのは，ほぼすべての統計学の書籍（あるいは講義）はデータに欠測がなく完全であることを前提とするからである．例えば，回帰分析や分散分析で従属変数や説明変数に欠測がある場合の対処法について，通常の書籍には記載がない．また，SAS，SPSS，Rなどの市販の統計ソフトウェアは欠測値をある意味で無視して解析を行う．つまり，標準的な統計ソフトの解析手法（分割表の解析，回帰分析，分散分析など）は，モデルに含めたすべての変数が欠測していない個体のみを解析に含める complete-case 解析（CC 解析）を行う．このため，多くの共変量を含む多変量解析では，データの分析者が気付かないうちに，多くの個体が解析から自動的に除外されている場合もある．例えば，10 個の変数に独立に 2% の欠測がある場合，約 18% の個体が解析から除外される．CC 解析では，解析に含められた集団と解析から除外された集団の間に特性の差がない場合を除いて，パラメータ推定にバイアスが生じ（特に平均の推定），推定精度が低下する．統計解析を行う際は，統計モデルの通常の前提条件のチェック（データの分布やモデルの当てはまりなど）に加え，解析から除外された個体の比率，欠測のパターンおよび欠測の理由を把握することが重要である．

　欠測データの統計解析を包括的に解説した最初の書籍は，Little and Rubin (1987) およびその第2版（Little and Rubin, 2002）である．日本語の書籍は，岩崎 (2002) が挙げられる．つまり，統計学の中でも欠測データの解析法は，比較的新しい学問領域である．一方，近年の統計ソフトウェアの進歩も著し

く，本書で解説した複雑な統計手法（多重補完法の様々な補完モデルや感度分析の一部）も最近適用可能になりつつある．欠測データの統計解析の大きな枠組みや理論は，Little and Rubin (1987, 2002) に大半が含まれているが，重要な概念は，欠測メカニズム，欠測パターン，欠測の無視可能性であろう．欠測メカニズムは MCAR（missing completely at random），MAR（missing at random），MNAR（missing not at random）の3種類に分類される．MCAR は欠測が完全にランダムに生じるもので，MAR はデータの欠測を欠測していない集団で予測し得るという仮定である．実際のデータ解析では，MAR を仮定することが多く，その場合，最尤法に基づく手法を用いれば，欠測を無視して，観察されたデータをすべて用いた解析（CC 解析と違い，一部の変数に欠測がある個体もすべて解析に含める必要がある．最尤法を用いても CC 解析を行えば結果はバイアスをもつ）が妥当性をもつ．このことを，MAR は最尤法ベースの手法に対して無視可能な欠測メカニズムであるという．一方，通常の統計ソフトウェアが採用する CC 解析は MCAR の下でのみ妥当性をもつ．例えば，臨床試験などでは，症状の悪化や改善で患者が試験から脱落することが多く，脱落は全集団の中で完全にランダムに生じると仮定できない．また，欠測のパターンの分類も重要である．単調な欠測パターンの統計解析は比較的容易であるが，非単調なパターンの統計解析は複雑化する場合が多い．

　一方，研究デザインとして，各個体から繰り返しデータを測定する反復測定型のデザインも多い．そのデータ解析では，測定値間の相関を適切に考慮し，かつ脱落などに伴うデータの欠測に対処する必要が生じる．近年その使用頻度が増えている MMRM（mixed-effects models for repeated measures）と呼ばれる線形混合効果モデルは最尤法に基づく手法で，変量効果や個体内の相関構造の指定によりデータ間の相関構造をモデル化でき，いくつかの時点に欠測のある個体もすべて解析に含める．そして，MMRM は最尤法を用いるため，MAR および MCAR が無視可能な欠測メカニズムである．ただし，誤差項や変量効果の分布にパラメトリックな正規分布を仮定するため，解析ではその前提条件のチェックが必要となる．一方，離散型の反復測定データの解析には，一般化推定方程式（GEE）や一般化線形混合効果モデルを使用できる．一見，両者は類似したモデルにみえるがまったく異なるモデルである．前者は，集団全体における処置効果に関する推測を行う周辺モデルで，後者は，個体ごとの

処置効果を評価する条件付きモデルである．研究目的に応じて，使い分ける必要がある．また，パラメータの推定法も両者で異なる．前者は最小二乗法に基づくが，後者は完全にパラメトリックな最尤法に基づく．そのため，GEE の無視可能な欠測メカニズムは MCAR である点に注意が必要である．ただし，確率分布に基づく尤度を使用せず平均構造と共分散構造を別々にモデル化するため，欠測データがなければ，共分散構造の指定に誤りがある場合も固定効果の一致推定量を得ることができるという頑健な特性をもつ．MAR の下で妥当な手法としては，GEE をデータが観察される確率の逆数で重み付ける WGEE も開発されている．ただし，少数例などではデータが観察される確率が小さい個体の重みが大きくなり推定値が不安定となることが報告されている．そのような場合には，個体ごとに重み付けるのでなく，層別解析による調整の方が安定した推定量を得ることができる．二重ロバストネスをもつ手法も近年開発されている．

　また，様々な型の変数あるいは共変量の欠測などにも柔軟に対処できる方法として，ベイズ理論に基づく多重補完法がある．多重補完法は，補完モデルと解析モデルの適合性（congeniality という）の条件を満たせば最尤法を近似でき，特に複雑な問題では有用である．無視可能な欠測メカニズムは MAR である．また，擬似的に完全データを作成するため，パラメータ推定が安定化することも長所の1つである．ただし，適切な補完モデルを作成するように細心の注意を払う必要がある．

　最後に，MNAR の統計手法として，パターン混合モデルと選択モデルを紹介した．これらは，主解析で仮定した欠測メカニズムの逸脱に関する解析結果の感度を評価するための感度分析として有用である．多くの場合，MAR の手法を主解析とすることは妥当であるが，欠測データの分布は未知であるため，MAR の仮定から逸脱した場合の推定値の変化（あるいは結論の変化）を調べることは実務上も有用であると考えられる．

Appendix A
傾向スコア

　傾向スコア $e(\boldsymbol{x}_i)$（propensity score：Rosenbaum and Rubin, 1983）は，統計的因果推論の枠組みで提案されたもので，
$$e(\boldsymbol{x}_i)=P(Z_i=1|\boldsymbol{x}_i)$$
と定義される．例えば，処置群 Z が2群（0：対照群，1：介入群）の場合，共変量（ベクトル）が $\boldsymbol{x}_i$ である被験者 i が介入群に属する確率である．理論的に，傾向スコアを与えれば処置群間で共変量のバランスをとれるため，特に観察研究で共変量の数が多いときなどに，処置群間の比較可能性を高めるために使用される．

　一方，統計的因果推論の枠組みでは，推測対象が平均因果効果（average causal effect, ACE）$E[Y(1)]-E[Y(0)]$ であることが多い．ここで $Y(1)$ は通常の確率変数でなく，仮に被験者が $Z=1$ の処置を受けたときの潜在的な結果変数（potential outcome）を表す．この定式化を Rubin causal model（RCM）と呼び，通常，各被験者は1つの処置のみを受けるため，$Y(1)$ と $Y(0)$ のいずれか一方のみが観察される．この定式化は反事実モデル（counterfactual model）とも呼ばれ，欠測データの問題の一種とも考えられる．このとき，傾向スコアを与えれば，いくつかの前提条件の下，観察された因果効果 $E[Y(1)|Z=1]-E[Y(0)|Z=0]$（as-treated causal effect）で ACE を推定できる．その前提条件は

- 強い無視可能性（strongly ignorable treatment assignment）
- SUTVA（stable unit treatment value assumption）

である．強い無視可能性は，共変量ベクトル $\boldsymbol{X}$ の充足性に関する条件で，
$$Y(1), Y(0) \perp Z | \boldsymbol{X}$$
が成り立つことをいう．ここで，$\perp$ は独立性を表す記号である．SUTVA は，

各被験者の結果変数は別の被験者の処置の割付けにより影響を受けることはないという条件である．例えば，ワクチンの予防効果をみる研究の場合，ある被験者のワクチン接種が他の被験者の Y に影響を与え得る．上記の前提条件および $0<e(\boldsymbol{x}_i)<1$ を満たすとき，傾向スコアに関して次の定理が成り立つ．

$$Z \perp \boldsymbol{X} | e(\boldsymbol{x}_i), \quad i=1, 2, \ldots, n$$

$$Y(1), Y(0) \perp Z | e(\boldsymbol{x}_i), \quad i=1, 2, \ldots, n$$

つまり，傾向スコアを与えれば，潜在的な反応変数を含む共変量の分布が処置群の間で揃う．この性質を利用して，特にランダム化が困難である観察研究などで，傾向スコアによる層別解析，逆確率重み付け解析あるいはマッチングを行い，バイアスの少ない平均因果効果の推定が試みられる．統計的因果推論や傾向スコアの詳細については，岩崎（2015）などを参照されたい．傾向スコアに関しては D'Agostino Jr（1998）も詳しい．

欠測データの統計解析では，被験者 i の Y が観察される確率（傾向スコア）を，

$$p(\boldsymbol{x}_i) = P(M_i = 0 | \boldsymbol{x}_i)$$

で定義する．ここで，M_i は結果変数の欠測を表す2値変数である（0：欠測なし，1：欠測）．つまり，$p(\boldsymbol{x}_i)$ は被験者 i の共変量ベクトル $\boldsymbol{x}_i$ を与えたとき，被験者 i の結果変数 Y が観察される確率である．そして，欠測メカニズムが MAR であれば，以下のように，すべての共変量 $\boldsymbol{x}_i$ に対して，傾向スコアを与えた下で欠測はランダムに生じる．

$$\begin{aligned}
P(M_i=0|y_i, p(\boldsymbol{x}_i)) &= E[P(M_i=0|y_i, \boldsymbol{x}_i)|y_i, p(\boldsymbol{x}_i)] \\
&= E[P(M_i=0|\boldsymbol{x}_i)|y_i, p(\boldsymbol{x}_i)] \\
&= E[p(\boldsymbol{x}_i)|y_i, p(\boldsymbol{x}_i)] \\
&= p(\boldsymbol{x}_i)
\end{aligned}$$

このため，3.2節で述べたように，この傾向スコアの逆数で各被験者を重み付けする解析方法や傾向スコアで5～6個の層（adjustment class と呼ばれる）を構成し，層内では各被験者が同じ傾向スコアをもつと考える層別解析が MAR の下では妥当性をもつ．前者は，データが観察される確率が0に近い被験者に対して極端に大きな重みを与える場合があり，後者は効率が落ちるがモデルを想定しないため頑健性が高い．なお，実際の解析では傾向スコアは，欠測の有無を結果変数 Y とするロジスティック回帰分析やプロビット回帰分析などで推定されることが多い．

Appendix B
単調な欠測パターンの MLE

4.3.1 項で示した 2 変数 (Y_1, Y_2) の Y_2 のみが欠測している場合の Y_2 の平均 μ_2 の MLE の分散の導出の詳細を以下に記す.

対数尤度関数は,

$$l(\phi|Y_{obs}) = -(2\sigma_{2\cdot1}^2)^{-1}\sum_{i=1}^{r}(y_{2i}-(\beta_0+\beta_1 y_{1i}))^2 - \frac{r}{2}\log\sigma_{2\cdot1}^2 - \frac{n}{2}\log\sigma_1^2 - (2\sigma_1^2)^{-1}\sum_{i=1}^{n}(y_{1i}-\mu_1)^2$$

であるため, パラメータ $\phi=(\mu_1, \sigma_1^2, \beta_0, \beta_1, \sigma_{2\cdot1}^2)$ の MLE の分散共分散行列は, フィッシャー情報行列

$$I(\phi|Y_{obs}) = \begin{bmatrix} I(\mu_1, \sigma_1^2) & 0 \\ 0 & I(\beta_0, \beta_1, \sigma_{2\cdot1}^2) \end{bmatrix}$$

の逆行列で求めることができる. ここで,

$$I(\mu_1, \sigma_1^2) = \begin{bmatrix} n/\sigma_1^2 & 0 \\ 0 & n/(2\sigma_1^4) \end{bmatrix}$$

$$I(\beta_0, \beta_1, \sigma_{2\cdot1}^2) = \begin{bmatrix} r/\sigma_{2\cdot1}^2 & r\bar{y}_1/\sigma_{2\cdot1}^2 & 0 \\ r\bar{y}_1/\sigma_{2\cdot1}^2 & \sum_{i=1}^{r}y_{1i}^2/\sigma_{2\cdot1}^2 & 0 \\ 0 & 0 & r/(2\sigma_{2\cdot1}^4) \end{bmatrix}$$

であり,

$$I(\mu_1, \sigma_1^2)^{-1} = \begin{bmatrix} \sigma_1^2/n & 0 \\ 0 & 2\sigma_1^4/n \end{bmatrix}$$

$$I(\beta_0, \beta_1, \sigma_{2\cdot1}^2)^{-1} = \begin{bmatrix} \sigma_{2\cdot1}^2(1+\bar{y}_1^2/s_1^2)/r & -\sigma_{2\cdot1}^2\bar{y}_1/(rs_1^2) & 0 \\ -\sigma_{2\cdot1}^2\bar{y}_1/(rs_1^2) & \sigma_{2\cdot1}^2/(rs_1^2) & 0 \\ 0 & 0 & 2\sigma_{2\cdot1}^4/r \end{bmatrix}$$

となる. そして, パラメータ ϕ の MLE の分散共分散行列は,

$$V[\hat{\phi}] = I^{-1}(\hat{\phi}) = \begin{bmatrix} I(\mu_1, \sigma_1^2)^{-1} & 0 \\ 0 & I(\beta_0, \beta_1, \sigma_{2\cdot 1}^2)^{-1} \end{bmatrix}$$

であり，Y_2 の母平均 μ_2 の分散は，$V[\hat{\mu}_2] = D(\hat{\mu}_2) V[\hat{\phi}] D(\hat{\mu}_2)^T$ のように計算できる．

ここで，$\mu_2 = \beta_0 + \beta_1 \mu_1$ であるため，

$$D(\hat{\mu}_2) = \frac{\partial \mu_2}{\partial \boldsymbol{\theta}} = \left(\frac{\partial \mu_2}{\partial \mu_1}, \frac{\partial \mu_2}{\partial \sigma_1^2}, \frac{\partial \mu_2}{\partial \beta_0}, \frac{\partial \mu_2}{\partial \beta_1}, \frac{\partial \mu_2}{\partial \sigma_{2\cdot 1}^2} \right) = (\hat{\beta}_1, 0, 1, \hat{\mu}_1, 0)$$

である．よって，μ_2 の分散を計算すると，

$$V[\hat{\mu}_2] = \hat{\sigma}_{2\cdot 1}^2 \left(\frac{1}{r} + \frac{\hat{\rho}^2}{n(1-\hat{\rho}^2)} + \frac{(\bar{y}_1 - \hat{\mu}_1)^2}{r s_1^2} \right)$$

となる．

Appendix C
多重補完法のベイズ回帰法の詳細

題意 C.1 $Y_i\,(i=1,2,\ldots,n)$ が互いに独立に $N(\mu,\sigma^2)$ に従うとき，(μ,σ^2) の無情報事前分布を用いた場合の，σ^2 を与えた下での μ の事後分布は $N(\overline{Y},\sigma^2/n)$ であり，σ^2 の事後分布はスケール $(n-1)s^2$，自由度 $n-1$ の逆 χ^2 分布である．ここで，$\overline{Y}=\sum_i^n Y_i/n$, $s^2=\sum_i^n(Y_i-\overline{Y})^2/(n-1)$ とする．

証明 n 個の独立なデータ Y_i に基づく尤度関数は

$$f(Y_1,\ldots,Y_n|\mu,\sigma^2)=\prod_i^n(2\pi\sigma^2)^{-1/2}\exp\!\left(-\frac{(Y_i-\mu)^2}{2\sigma^2}\right)$$

となる．このとき，$(\mu,\log(\sigma))$ に関する一様分布である (μ,σ^2) の無情報事前分布

$$f(\mu,\sigma^2)\propto(\sigma^2)^{-1}$$

を用いると，ベイズの定理より (μ,σ^2) の同時事後分布は

$$f(\mu,\sigma^2|Y_1,\ldots,Y_n)\propto f(\mu,\sigma^2)f(Y_1,\ldots,Y_n|\mu,\sigma^2)$$

$$\propto(\sigma^2)^{-(1+n/2)}\exp\!\left(-\sum_i^n\frac{(Y_i-\mu)^2}{2\sigma^2}\right)$$

$$\propto(\sigma^2)^{-(1+n/2)}\exp\!\left(-\frac{n(\overline{Y}-\mu)^2}{2\sigma^2}-\sum_i^n\frac{(Y_i-\overline{Y})^2}{2\sigma^2}\right)$$

$$\propto\left(\frac{\sigma^2}{n}\right)^{-1/2}\exp\!\left(-\frac{(\overline{Y}-\mu)^2}{2\sigma^2/n}\right)\times(\sigma^2)^{-(n+1)/2}\exp\!\left(-\frac{(n-1)s^2}{2\sigma^2}\right)$$

となる．ここで，(μ,σ^2) の事後分布の第 1 項は，$N(\overline{Y},\sigma^2/n)$ の密度関数に比例し，第 2 項はスケール $(n-1)s^2$，自由度 $n-1$ の逆 χ^2 分布に比例する．σ^2 を与えた下での μ の周辺事後分布は，$N(\overline{Y},\sigma^2/n)$ に比例する．また，σ^2 の周辺事後分布は，

$$f(\sigma^2|Y_1,\ldots,Y_n) \propto \int (\sigma^2)^{-(1+n/2)} \exp\left(-\frac{n(\overline{Y}-\mu)^2}{2\sigma^2} - \frac{(n-1)s^2}{2\sigma^2}\right) d\mu$$

$$\propto (\sigma^2)^{-(1+n/2)} \exp\left(-\frac{(n-1)s^2}{2\sigma^2}\right) \sqrt{\frac{2\pi\sigma^2}{n}}$$

$$\propto (\sigma^2)^{-(n+1)/2} \exp\left(-\frac{(n-1)s^2}{2\sigma^2}\right)$$

となり，スケール $(n-1)s^2$，自由度 $n-1$ の逆 χ^2 分布に比例する．（証明終）

参 考 文 献

単行本(洋書)

Allison, PD (2001) *Missing Data*. Sage Thousand Oaks.
Carpenter, JR and Kenward, MG (2013) *Multiple Imputation and its Application*. Chichester：Wiley.
Cochran, WG (1977) *Sampling Techniques*, 3rd ed. New York：Wiley.
Cox, DR (2006) *Principles of Statistical Inference*. Cambridge University Press.
Cox, DR and Hinkley, DV (1974) *Theoretical Statistics*. London：Chapman and Hall.
Cox, DR and Oakes, D (1984) *Analysis of Survival Data*. London：Chapman and Hall.
Daniels, MJ and Hogan, JW (2008) *Missing Data in Longitudinal Studies*. Boca Raton：Chapman and Hall.
Efron, B and Tibshirani, R (1993) *An Introduction to the Bootstrap*. New York：Chapman and Hall/CRC Press.
Fitzmaurice, G, Laird, N and Ware, J (2011) *Applied Longitudinal Analysis*, 2nd ed. Hoboken：Wiley.
Gelman, A, Carlin, JB, Stern, HS, Dunson, DB, Vehtari, A and Rubin, DB (2013) *Bayesian Data Analysis*, 3rd ed. London：Chapman and Hall/CRC Press.
Graham, JW (2012) *Missing Data, Analysis and Design*. New York：Springer.
Hosmer, DW, Lemeshow, S and Sturdivant, X (2013) *Applied Logistic Regression*, 3rd ed. Wiley.
Kalbfeisch, JD and Prentice, RL (2002) *The Statistical Analysis of Failure Time Data*, 2nd ed. Hoboken：Wiley.
Lawless, JF (2002) *Statistical Models and Methods for Lifetime Data*, 2nd ed. Hoboken：Wiley.
Little, RJA and Rubin, DB (1987) *Statistical Analysis with Missing Data*. New York：Wiley.
Little, RJA and Rubin, DB (2002) *Statistical Analysis with Missing Data*, 2nd ed. New York：Wiley.
McCullagh, P and Nelder, JA (1989) *Generalized Linear Models*, 2nd ed. London：

Chapman and Hall.

Molenberghs, G and Kenward, MG (2007) *Missing Data in Clinical Studies.* Chichester：Wiley.

National Research Council (2010) *The Prevention and Treatment of Missing Data in Clinical Trials.* Panel on Handling Missing Data in Clinical Trials. Committee on National Statistics, Division of Behavioral and Social Sciences and Education. Washington, DC：The National Academies Press.

O'Kelly, M and Ratitch, B (2014) *Clinical Trials with Missing Data：A Guide for Practitioners.* Chichester：Wiley.

Piantadosi, S (2005) *Clinical Trials：A Methodologic Perspective,* 2nd ed. Wiley.

Pocock, SJ (1983) *Clinical Trials：A Practical Approach.* Chichester：Wiley.

Rosenbaum, PR (2002) *Observational Studies,* 2nd ed. New York：Springer.

Rothman, KJ, Greenland, S and Lash, TL (2008) *Modern Epidemiology,* 3rd ed. Lippincott Williams and Wilkins.

Rubin, DB (1987) *Multiple Imputation for Nonresponse in Surveys.* New York：Wiley.

SAS Institute Inc. (2013) *SAS/STAT® 13.1 User's Guide.* Cary, NC：SAS Institute Inc.

Schafer, JL (1997) *Analysis of Incomplete Multivariate Data.* London：Chapman and Hall.

van Buuren, S (2012) *Flexible Imputation of Missing Data.* Boca Raton FL：Chapman and Hall/CRC Press.

Verbeke, G and Molenberghs, G (1997) *Linear Mixed Models for Longitudinal Data.* New York：Springer.

Zhou, X-H, Zhou, C, Liu, D and Ding, X (2014) *Applied Missing Data Analysis in the Health Sciences.* New York：Wiley.

単行本（和書）

阿部貴行，佐藤裕史，岩崎　学（2013）医学論文のための統計手法の選び方・使い方．東京図書．

甘利俊一，佐藤俊哉，竹内　啓，松山　裕，石黒真木夫（2002）多変量解析の展開—隠れた構造と因果を推理する．岩波書店．

岩崎　学（2002）不完全データの統計解析．エコノミスト社．

岩崎　学（2004）統計的データ解析のための数値計算法入門．朝倉書店．

岩崎　学（2015）統計的因果推論．朝倉書店．

竹内　啓（1963）数理統計学．東洋経済新報社．

パール，J 著，黒木　学訳（2009）統計的因果推論—モデル・推論・推測．共立出版．

星野崇宏（2009）調査観察データの統計科学．岩波書店
宮川雅巳（2004）統計的因果推論―回帰分析の新しい枠組み．朝倉書店．
ロスマン，KJ 著，矢野栄二，橋本英樹監訳（2004）ロスマンの疫学．篠原出版新社．
鷲尾泰俊（1974）実験計画法入門．日本規格協会．
渡辺美智子，山口和範（2000）EM アルゴリズムと不完全データの諸問題．多賀出版．

学術論文

Akl, EA, Briel, M, You, JJ, Sun, X, Johnston, BC, Busse, JW, Mulla, S, Lamontagne F, Bassler D, Vera, C, Alshurafa, M, Katsios, CM, Zhou, Q, Yaffe, TC, Gangji, A, Mills, EJ, Walter, SD, Cook, DJ, Schunemann, HJ, Altman, DG and Guyatt, GH (2012) Potential impact on estimated treatment effects of information lost to follow-up in randomised controlled trials (LOST-IT): Systematic review. *BMJ*, **344**, e2809.

Allison, PD (2000) Multiple imputation for missing data: A cautionary tale. *Sociological Methods and Research*, **28**, 301-309.

Anderson, TW (1957) Maximum likelihood estimates for the multivariate normal distribution when some observations are missing. *Journal of the American Statistical Association*, **52**, 200-203.

Azen, S and van Guilder, M (1981) Conclusions regarding algorithms for handling incomplete data. *Proc. Stat. Computing Sec., Am. Statist. Assoc*, 53-56.

Barnard, J and Rubin, DB (1999) Small-sample degrees of freedom with multiple imputation. *Biometrika*, **86**, 948-955.

Collins, LM, Schafer, JL and Kam, CM (2001) A comparison of inclusive and restrictive strategies in modern missing data procedures. *Psychological Methods*, **6**, 330-351.

Coronary Drug Project Research Group (1980) Influence of adherence to treatment and response of cholesterol on mortality in the coronary drug project. *N. Engl. J. of Med*, **303**, 1038-1041.

D'Agostino Jr, RB (1998) Tutorial in biostatistics propensity score methods for bias reduction in the comparison of a treatment to a non-randomized control group. *Statistics in medicine*, **17**, 2265-2281.

Dempster, AP, Laird, NM and Rubin, DB (1977) Maximum likelihood from incomplete data via the EM algorithm (with discussion). *Journal of Royal Statistical Society*, Series B, **39**, 1-38.

Diggle, PJ and Kenward, MG (1994) Informative dropout in longitudinal data analysis (with discussion). *Applied Statistics*, **43**, 49-94.

Efron, B and Hinkley, DV (1978) Assessing the accuracy of the maximum likelihood estimator: Observed versus expected Fisher information. *Biometrika*, **65**, 457-487.

European Medicines Agency (2010) Guideline on missing data in confirmatory clinical trials. Available at：http：//www.ema.europa.eu/ema/pages/includes/document/open_document.jsp?webContentId=WC500096793

Freireich, EJ, Gehan, E, Frei, E, Schroeder, LR, Wolman, IJ, Anbari, R, Burgert, EO, Mills, SD, Pinkel, D, Selaway, OS, Moon, JH, Gendel, BR, Spurr, CL, Storrs, R, Haurani, F, Hoogstraten, B and Lee, S (1963) The effect of 6-mercaptopurine on the duration of steroid-induced remissions in acute leukemia：A model for evaluation of other potentially useful therapy. *Blood*, 21, 699-716.

Gelfand, AE and Smith, AFM (1990) Sampling-based approaches to calculating marginal densities. *Journal of the American Statistical Association*, 85, 398-409.

Geman, D and Geman, S (1984) Stochastic relaxation, Gibbs distributions and the Bayesian reconstruction of images. *IEEE Transactions on Pattern Analysis and Machine Intelligence*, 6, 721-741.

Glynn, RJ and Laird, NM (1986) Regression estimates and missing data：complete-case analysis. Technical Report, Harvard School of Public Health, Department of Biostatistics.

Goodnight, JH (1979) A tutorial on the sweep operator. *American Statistician*, 33, 149-158.

Haitovsky, Y (1968) Missing data in regression analysis. *Journal of Royal Statistical Society*, Series B, 30, 67-81.

Heckman, J (1976) The common structure of statistical models of truncation, sample selection and limited dependent variables, and a simple estimator for such models. *Annals of Economic and Social Measurement*, 5, 474-492.

Heitjan, F and Little, RJA (1991) Multiple imputation for the fatal accident reporting system. *Applied Statistics*, 40, 13-29.

Heyting, A, Tolboom, JTBM and Essers, JGA (1992) Statistical handling of drop-outs in longitudinal clinical trials. *Statistics in Medicine*, 11, 2043-2061.

Hippisley-Cox, J, Coupland, C, Vinogradova, Y, Robson, J and Brindle, P (2007) QRISK cardiovascular disease risk prediction algorithm：Comparison of the revised and the original analyses technical supplement. Available at：http：//www.qresearch.org/Public_Documents/QRISK1%20Technical%20Supplement.pdf

Hippisley-Cox, J, Coupland, C, Vinogradova, Y, Robson, J, May, M and Brindle, P (2007) Derivation and validation of QRISK, a new cardiovascular disease risk score for the United Kingdom：Prospective open cohort study. *British Medical Journal*, 335, 136.

Hogan, JW and Laird, NM (1997) Mixture models for the joint distribution of repeated measures and event times. *Statistics in Medicine*, **16**, 239-257.

Horton, NJ and Lipsitz, SR (2001) Multiple imputation in practice : Comparison of software packages for regression models with missing variables. *American Statistician*, **55**, 244-254.

Horvitz, DG and Thompson, DJ (1952) A generalization of sampling without replacement from a finite population. *Journal of the American Statistical Association*, **47**, 663-685.

International Conference on Harmonization (ICH) Guideline (1998) Statistical principles for clinical trials.

Kaplan, EL and Meier, P (1958) Nonparametric estimation from incomplete observations. *Journal of the American Statistical Association*, **53**, 457-481.

Kenward, MG and Molenberghs, G (2009) Last observation carried forward : A crystal ball? *Journal of Biopharmaceutical Statistics*, **19**, 872-888.

Kenward, MG, Molenberghs, G and Thijs, H (2003) Pattern-mixture models with proper time dependence. *Biometrika*, **90**, 53-71.

Kenward, MG and Roger, JH (1997) Small sample inference for fixed effects from restricted maximum likelihood. *Biometrics*, **53**, 983-997.

Kim, JO and Curry, J (1977) The treatment of missing data in multivariate analysis. *Sociol. Meth. Res*, **6**, 215-240.

Kim, Y, Choi, Y-K and Emery, S (2013) Logistic regression with multiple random effects : A simulation study of estimation methods and statistical packages. *The American Statistician*, **67**, 171-181.

Kleinbaum, DG, Morgenstern, H and Kupper, LL (1981) Selection bias in epidemiologic studies. *American Journal of Epidemiology*, **113** (4), 452-463.

Laird, NM and Ware, JH (1982) Random-effects models for longitudinal data. *Biometrics*, **38**, 963-974.

Lavori, PW, Dawson, R, and Shera, D (1995) A multiple imputation strategy for clinical trials with truncation of patient data. *Statistics in Medicine*, **14**, 1913-1925.

Liang, K-Y and Zeger, SL (1986) Longitudinal data analysis using generalized linear models. *Biometrika*, **73**, 13-22.

Little, RJA (1992) Regression with missing X's : A review. *Journal of American Statistical Association*, **83**, 1227-1237.

Little, RJA (1993) Pattern-mixture models for multivariate incomplete data. *Journal of the American Statistical Association*, **88**, 125-134.

Little, RJA (1994) A class of pattern-mixture models for normal incomplete data. *Biometrika*, **81**, 471-483.

Little, RJA, D'Agostino, R, Cohen, ML, Dickersin, K, Emerson, SS, Farrar, JT,

Frangakis, C, Hogan, JW, Molenberghs, G, Murphy, SA, Neaton, JD, Rotnitzky, A, Scharfstein, D, Shih, WJ, Siegel, JP and Stern, H (2012) The prevention and treatment of missing data in clinical trials. *N. Eng. J. Med.*, **367**, 1355-1360.

Liu, G and Gould, L (2002) Comparison of alternative strategies for analysis of longitudinal trials with dropouts. *Journal of Biopharmaceutical Statistics*, **12**, 207-226.

Liu, GF, Lu, K, Mogg, R, Mallick, M and Mehrotra, DV (2009) Should baseline be a covariate or dependent variable in analyses of change from baseline in clinical trials? *Statistics in Medicine*, **28**, 2509-2530.

Meng, X-L (1994) Multiple-imputation inferences with uncongenial sources of input. *Statistical Science*, **9**, 538-573.

Meng, X-L and Rubin, DB (1993) Maximum likelihood estimation via the ECM algorithm : A general framework. *Biometrika*, **80**, 267-278.

Meng, X-L and Rubin, DB (1994) On the global and component-wise rates of convergence of the EM algorithm. *Linear Algebra and its Applications*, **199**, 413-425.

Murray, GD and Findlay, JG (1988) Correcting for the bias caused by dropouts in hypertension trials. *Statistics in Medicine*, **7**, 941-946.

Nakajima, S, Uchida, H, Suzuki, T, Watanabe, K, Hirano, J, Yagihashi, T, Takeuchi, H, Abe, T, Kashima, H and Mimura, M (2012) Benefits of switching antidepressants following early nonresponse in acute-phase treatment of depression : A randomized open-label trial. *Progress in Neuro-Psychopharmacology & Biological Psychiatry*, **35**, 1983-1989.

Piaggio, G, Elbourne, DR, Pocock, SJ, Evans, SJW and Altman, DG (2012). Reporting of noninferiority and equivalence randomized trials : Extension of the CONSORT 2010 statement. *JAMA*, **308**, 2594-2604.

Potthoff, RF and Roy, SN (1964) A generalized multivariate analysis of variance model useful especially for growth curve problems. *Biometrika*, **51**, 313-326.

Raghunathan, TE, Lepkowski, JM, Hoewyk, JV and Solenberger, P (2001) A multivariate technique for multiply imputing missing values using a sequence of regression models. *Survey Methodology*, **27**, 85-95.

Robins, JM, Rotnitzky, A and Zhao, LP (1995) Analysis of semiparametric regression models for repeated outcomes in the presence of missing data. *Journal of the American Statistical Association*, **90**, 106-121.

Rosenbaum, PR and Rubin, DB (1983) The central role of the propensity score in observational studies for causal effects. *Biometrika*, **70**, 41-55.

Rotnitzky, A and Robins, JM (1997) Analysis of semi-parametric regression models for repeated outcomes in the presence of missing data. *Statistics in Medicine*, **16**, 81-102.

Rotnitzky, A, Robins, JM and Scharfstein, DO (1998) Semiparametric regression for repeated measures outcomes with nonignorable nonresponse. *Journal of the American Statistical Association*, **93**, 1321-1339.

Rubin, DB (1974) Charactering the estimation of parameters in incomplete data problems. *Journal of the American Statistical Association*, **69**, 467-474.

Rubin, DB (1976) Inference and missing data (with discussion). *Biometrika*, **63**, 581-592.

Rubin, DB (1996) Multiple imputation after 18+ years. *Journal of the American Statistical Association*, **91**, 473-489.

Satterthwaite, FE (1941) Synthesis of variance. *Psychometrika*, **6**, 309-316.

Schenker, N and Taylor, JMG (1996) Partially parametric techniques for multiple imputation. *Computational Statistics and Data Analysis*, **22**, 425-446.

Sterne, JAC, White, IR, Carlin, JB, Spratt, M, Royston, P, Kenward, MG, Wood, AM and Carpenter, JR (2009) Multiple imputation for missing data in epidemiological and clinical research : Potential and pitfalls. *BMJ*, **338**, b2393.

Tanner, MA and Wong, WH (1987) The calculation of posterior distributions by data augmentation. *Journal of the American Statistical Association*, **82**, 528-540.

van Buuren, S (2007) Multiple imputation of discrete and continuous data by fully conditional specification. *Statistical Methods in Medical Research*, **16**, 219-242.

van Buuren, S and Oudshoorn, CGM (2000) Multivariate imputation by chained equations : MICE V1.0 user's manual. TNO report PG/VGZ/00.038, TNO Prevention and Health, Leiden.

Von Hippel, PT (2004) Biases in SPSS 12.0 Missing value analysis. *The American Statistician*, **58**, 160-164.

White, IR, Carpenter, J and Horton, N (2012) Including all individuals is not enough : Lessons for intention-to-treat analysis. *Clinical Trials*, **9**, 396-407.

White, IR and Royston, P (2009) Imputing missing covariate values for the Cox model. *Statistics in Medicine*, **28**, 1982-1998.

White, IR, Royston, P and Wood, AM (2011) Multiple imputation using chained equations : Issues and guidance for practice. *Statistics in Medicine*, **30**, 377-399.

Zeger, SL and Liang, K-Y (1986) Longitudinal data analysis for discrete and continuous outcomes. *Biometrics*, **42**, 121-130.

索　引

欧　文

ABB（approximate Bayesian bootstrap）　103
AC（available-case）解析　23, 52
ACE（average causal effect）　42
ACMV（available-case missing value）　162
approximate Bayesian bootstrap　103
augmented 重み付け一般化推定方程式（augmented WGEE）　147
auxiliary 変数　116

BLUP（best linear unbiased prediction）法　133
BOCF（baseline observation carried forward）　59
burn-in　110

case deletion　7
CC（complete-case）解析　6, 19, 44
CCMV（complete-case missing value）　162
CM（conditional maximization）　82
cold deck 法　58
congeniality　114, 118
CS（compound symmetry）　130

ECM　82
EM アルゴリズム　81
estimand　5

FAS（full analysis set）　42
FCS（fully conditional specification）　100, 105
FMI（fraction of missing information）　96

GEE（generalized estimating equations）　143, 145
GLMM（generalized linear mixed-effects models）　151
GLMMIX　151

Horvitz–Thompson 推定量　51
hot deck 法　57

I ステップ　108
IPW（inverse probability weighting）　49
item nonresponse　10
ITT（intention-to-treat）　14, 42

jackknife 法　51
JAV（just another variable）法　117

Kaplan–Meier 推定量　90
Kenward–Roger 法　135

listwise deletion　7
LOCF（last observation carried forward）　59
LS Mean（least squares mean）　139, 142

MAR（missing at random） 23, 33
MCAR（missing completely at random） 3, 33
MCMC（Markov chain Monte Carlo） 107
MI プロシジャ 106
MIANALYZE プロシジャ 122
MICE 関数 122
MICE（multiple imputation by chained equations） 100, 105
MLE（maximum likelihood estimator） 63, 176
MMRM（mixed-effects models for repeated measures） 126
MNAR（missing not at random） 33, 34, 160
──の統計手法 160
MNFD（missing non-future dependent） 163
MQL（marginal quasi-likelihood） 153

National Research Council 8
NCMV（neighboring-case missing value） 162
nearest neighbor hot deck 法 58

P ステップ 108
pairwise deletion 23, 52
passive な方法 117
PMM（predictive mean matching） 59
PPS（per protocol set） 14, 42
PQL（penalized quasi-likelihood） 153
pseudo-quasi-likelihood 法 153

R 122
Rubin の方法（Rubin's rule） 96

SAS 120
Satterthwaite 法 135
sequential regression multivariate imputation 105
SUTVA（stable unit treatment value assumption） 174
Toeplitz 型 133

unit nonresponse 10

WGEE（weighted GEE） 146

ア 行

1 次の自己回帰型 133
一般化推定方程式（generalized estimating equations, GEE） 143, 144
一般化線形混合効果モデル（generalized linear mixed-effects models, GLMM） 151
一般線形混合効果モデル（general linear mixed-effects models） 125, 126, 142

打ち切り（censoring） 26, 86

オッズ比 45
重み付け一般化推定方程式（WGEE） 146
重み付け解析（weighting method） 7, 48
重み付け最小二乗法 144

カ 行

解析対象集団 14
階層モデル（hierachical models） 128
ガウス求積法 152
確率サンプリング（probability sampling） 49
過分散（overdispersion） 144
観測フィッシャー情報量（observed Fisher information） 65
感度パラメータ 162
感度分析（sensitivity analysis） 160

ギブスサンプリング法（Gibbs sampling） 108

逆確率重み付け法（inverse probability weighting, IPW） 49
級内相関型（compound symmetry, CS） 130, 133
共分散構造 132
共役事前分布 72

区間打ち切り 26
クロスオーバー研究 134

経験ベイズ推定量 133
傾向スコア 15, 103, 174
傾向スコア法 103
経時測定データ（longitudinal data） 31, 126
欠測した情報の比率（fraction of missing information, FMI） 96
欠測値の記号 20
欠測値を含む演算 20
欠測パターン 30
欠測メカニズム（missing data mechanism） 32

個体間変動 130
個体内変動 130
固定効果 126

サ 行

最小二乗平均（least squares mean, LS Mean） 139
最尤推定法（maximum likelihood estimation） 36, 62
最尤推定量（maximum likelihood estimator） 63
最尤法 36
── の性質 65
作業相関行列（working correlation matrix） 144

市街地距離 58
事前分布（prior distribution） 71
── の適切性（proper prior distribution） 72
周辺モデル（marginal models） 129
縮小統計量（shrinkage estimator） 73
順序カテゴリカル変数 104
条件付き独立（conditional independence） 152
条件付きモデル（conditional models） 129

推測対象（estimand） 5, 42

制限付き最尤法 132
生存関数 86
生存時間データ 115
正値定符号行列 53
成長曲線データ 139
制約（restriction） 161
切断（truncation） 27
選択モデル（selection model） 35, 38, 167

相対リスク 45

タ 行

対数尤度関数（log likelihood function） 63
タイプ I 打ち切り 87
タイプ II 打ち切り 88
多重補完法（multiple imputation） 7, 15, 93
── を用いたパターン混合モデル 163
脱落（dropout） 31
単一チェーン（single chain） 110
単一値補完法（single imputation） 54, 55, 60
単調な欠測パターン（monotone pattern） 30

強い無視可能性 174

適応型ガウス求積法（adaptive Gaussian

quadrature) 153
適合性 (congeniality) 114, 118
データ・オーグメンテーション法 (data augmentation) 108

統計ソフトウェア 120
統合ステップ 99

ナ 行

ノンパラメトリックな補完法 57

ハ 行

ハイパーパラメータ 73
ハザード関数 86
パターン混合モデル (pattern-mixture model) 35, 38, 161
反事実モデル (counterfactual model) 174
反復測定分散分析 (repeated measurement ANOVA) 125

左側打ち切り 26
非単調な欠測パターン (non-monotone pattern) 30
標本抽出の理論 (sampling theory) 49
頻度論 70

フィッシャー情報行列 65
フィッシャー情報量 65
不完全データ 2
分割実験型の分散分析 (ANOVA for split plot designs) 125
分散成分型 133

平均因果効果 (average causal effect, ACE) 42
ベイズ回帰法 101
ベイズ推定法 70
変量傾き (random slope) 128

変量効果 127
変量切片 (random intercept) 128

補完間分散 96
補完ステップ 98
補完内分散 96
補完の回数 118
補助変数 116

マ 行

マハラノビスの距離 58
マルコフチェーン・モンテカルロ法 15, 107, 109
マルチレベルモデル (multilevel models) 128

右側打ち切り 26

無構造 132
無視可能性 (ignorability) 35
　強い―― 174
無情報事前分布 37, 72

ヤ 行

尤度関数 63
尤度 (likelihood) 62
ユークリッド距離 58

予測平均マッチング法 (predictive mean matching, PMM) 59, 102

ラ 行

ラプラス型の近似法 153
ランダム打ち切り 27

ロジスティック回帰モデル 104
ロバスト分散 145

著者略歴

阿
部
貴
行
（あ べ たか ゆき）

1973 年　神奈川県に生まれる
2007 年　成蹊大学大学院工学研究科博士後期課程修了
　　　　　万有製薬株式会社臨床医薬研究所，慶應義塾大学医学部
　　　　　クリニカルリサーチセンター特任講師を経て
現　在　慶應義塾大学医学部衛生学公衆衛生学教室専任講師
　　　　　同大学病院臨床研究推進センター生物統計部門部門長
　　　　　博士 (工学)

統計解析スタンダード
欠測データの統計解析

定価はカバーに表示

2016 年 3 月 15 日　初版第 1 刷
2023 年 3 月 25 日　　　　第 4 刷

著　者　阿　部　貴　行
発行者　朝　倉　誠　造
発行所　株式会社　朝　倉　書　店
　　　　東京都新宿区新小川町 6-29
　　　　郵便番号　　162-8707
　　　　電　話　03(3260)0141
　　　　FAX　03(3260)0180
　　　　https://www.asakura.co.jp

〈検印省略〉

Ⓒ 2016〈無断複写・転載を禁ず〉

真興社・渡辺製本

ISBN 978-4-254-12859-8　C 3341　　Printed in Japan

JCOPY ＜出版者著作権管理機構　委託出版物＞

本書の無断複写は著作権法上での例外を除き禁じられています．複写される場合は，そのつど事前に，出版者著作権管理機構 (電話 03-5244-5088, FAX 03-5244-5089, e-mail: info@jcopy.or.jp) の許諾を得てください．

好評の事典・辞典・ハンドブック

数学オリンピック事典 　野口 廣 監修　B5判 864頁

コンピュータ代数ハンドブック 　山本 慎ほか 訳　A5判 1040頁

和算の事典 　山司勝則ほか 編　A5判 544頁

朝倉 数学ハンドブック [基礎編] 　飯高 茂ほか 編　A5判 816頁

数学定数事典 　一松 信 監訳　A5判 608頁

素数全書 　和田秀男 監訳　A5判 640頁

数論＜未解決問題＞の事典 　金光 滋 訳　A5判 448頁

数理統計学ハンドブック 　豊田秀樹 監訳　A5判 784頁

統計データ科学事典 　杉山高一ほか 編　B5判 788頁

統計分布ハンドブック（増補版） 　蓑谷千凰彦 著　A5判 864頁

複雑系の事典 　複雑系の事典編集委員会 編　A5判 448頁

医学統計学ハンドブック 　宮原英夫ほか 編　A5判 720頁

応用数理計画ハンドブック 　久保幹雄ほか 編　A5判 1376頁

医学統計学の事典 　丹後俊郎ほか 編　A5判 472頁

現代物理数学ハンドブック 　新井朝雄 著　A5判 736頁

図説ウェーブレット変換ハンドブック 　新 誠一ほか 監訳　A5判 408頁

生産管理の事典 　圓川隆夫ほか 編　B5判 752頁

サプライ・チェイン最適化ハンドブック 　久保幹雄 著　B5判 520頁

計量経済学ハンドブック 　蓑谷千凰彦ほか 編　A5判 1048頁

金融工学事典 　木島正明ほか 編　A5判 1028頁

応用計量経済学ハンドブック 　蓑谷千凰彦ほか 編　A5判 672頁

価格・概要等は小社ホームページをご覧ください．